악마의 레시피

<일러두기>

- '*'가 붙은 모든 주석은 옮긴이의 주입니다.

한 입만 먹어도 중독되는

악마의 레시피

류지 지음 | 임지인 옮김

시그마북스
Sigma Books

악마의 레시피

발행일 2021년 5월 10일 초판 1쇄 발행
지은이 류지
옮긴이 임지인
발행인 강학경
발행처 시그마북스
마케팅 정제용
에디터 최윤정, 장민정, 최연정
디자인 김문배, 강경희

등록번호 제10-965호
주소 서울특별시 영등포구 양평로 22길 21 선유도코오롱디지털타워 A402호
전자우편 sigmabooks@spress.co.kr
홈페이지 http://www.sigmabooks.co.kr
전화 (02) 2062-5288~9
팩시밀리 (02) 323-4197
ISBN 979-11-91307-33-7(13590)

STAFF

写真　土居麻紀子
スタイリング　本郷由紀子
イラスト　風間勇人

RYUJISHIKI AKUMA NO RECIPE by Ryuji

사악하게 맛있으면서 말도 안 되게 실용적!

을 목표로 했습니다.

새우를 손질하지 않아도
그 매콤달콤함을 먹을 수 있다!

'새우 슈마이·칠리'

1

한 입만 먹어도 '중독될 정도로' 맛있다! 그런데…

즉, 악마 같은 존재.

청차조기를 백다시에 담그기만
하면 최강의 밥도둑이 완성!

'청차조기 절임'

모든 식재료를 전자레인지에 돌렸을 뿐인데 최고급 레스토랑 맛으로 변신!

'반숙 카망베르 카르보나라'

2

'짧은 시간, 최고의 맛'을 위해 오랜 시간 고민했습니다

공정을 얼마나 생략할 수 있을 것인지.
특별한 조미료 없이 맛있게 만들 수 있을 것인지.

양배추를 굽기만 해도 근사한 요리가 된다!

'양배추 스테이크, 갈릭·버터 소스 맛'

풍성한 비주얼과 양,
그런데도 살이 찌지 않는다!?
고기 러버를 위한 마파두부

'마파 함박스테이크'

3

게다가, 소개한 레시피 반 이상이 '저당질'입니다

즉, 116가지 레시피 중에 58가지는 '천사의 레시피'.
이 책에는 살찌는 것만 있는 게 아니에요.

채소를 튀기면 맛도 있으면서
포만감까지 느낄 수 있어요!

'브로콜리 튀김 & 새송이버섯 튀김'

책을 시작하며

세상 사람들을 보면 모두가 정말 열심히 살아가는 것 같습니다. 착실히 일하거나, 공부하거나, 집안일을 하거나, 가족을 돌보면서요. 그것만으로도 이미 '기립박수'를 보내고 싶군요. 더욱이 시간을 쪼개 직접 사 온 재료로 요리해 먹는다는 건 진심으로 대단하다고 생각합니다.

그래서 '요리 정도는 애쓰지 않았으면 좋겠다. 그러나 당연히 맛있는 게 좋겠다.' 이것이 바로 매일 트위터로 여러분께 레시피를 꾸준히 소개하는 이유입니다.

이 책은 그 레시피 중에서도 손에 꼽히는 요리를 한데 모은, 저의 '끝장 레시피'입니다.

요리를 연구해 오면서 알게 된 건 '요리를 좋아하는 사람'보다 '좋아하지는 않지만, 이런저런 이유로 요리하는 사람'이 압도적으로 많다는 사실입니다. 가족을 위해서, 자신의 건강을 위해서, 절약하기 위해서. 이유는 저마다 다르지만 저는 모두를 응원하고 싶습니다.

요리가 어려워 멀리하던 사람이 '뭐야, 간단하잖아!' 하고 마음이 편해진다면 기쁠 듯합니다. 또 평소에 즐겨 요리하던 사람은 '그런 방법이 있었다니!' 하고 깜짝 놀라길 바랍니다. 그러다 어느 순간 부엌에 서는 일이 즐거워진다면 더할 나위 없을 테지요.

……뭔가 착한 사람인 양 이야기했군요. 죄송하지만 수정하겠습니다. 이 책은 '악마의 레시피'입니다. 이성도 지성도 무너져버리는 맛을 보장하는 116가지 최고의 레시피를 오롯이 담았습니다. 특급 즐거움을 만끽하게 되실 테니, 부디 조심하시길.

류지

짧은 시간, 최고의 맛

1장

밥도둑 반찬

2장

반찬이 하나 부족할 때

3장

최고의 레시피에 어서 오세요!

후다닥 만들 수 있는 안주

4장

한 그릇으로 배부른 메뉴

5장

늦은 시간에도 만들 수 있는 밥

6장

평소와 한끗 다른 면류

7장

영양 만점 수프

8장

간단한 디저트

9장

차례

제1장 중독되는 전설의 레시피

제2장 식욕 상승 밑반찬의 변신

제3장 채소를 잔뜩 섭취할 수 있는 무한 밑반찬

제4장 초스피드로 만들 수 있는 술안주

제5장 한 그릇으로 배부른 메뉴 덮밥 · 볶음밥 · 카레 · 영양밥

제6장 밤 늦게 퇴근해도 뚝딱 만들 수 있는 밥

제7장 매혹의 신세계 응용 면류

제8장 만능 수프와 전지전능한 전골

제9장 집에서 만들어 먹는 도리에 어긋난 디저트

되도록 실패하지 않게끔!

이 책의 사용법

큰술·작은술

1큰술은 15㎖, 1작은술은 5㎖

불 세기

따로 언급이 없으면 중불입니다. 집마다 화력이 다르므로 레시피의 불 세기, 가열 시간은 요리 상태를 보면서 조절하세요.

조리 공정

채소를 씻는다, 껍질을 벗긴다, 씨나 꼭지를 제거한다, 등은 생략했습니다. 고기, 생선은 따로 언급이 없으면 먹기 편한 크기로 잘라주세요.

레시피 영상을 볼 수 있는 QR코드

유튜브로 류지의 요리 영상을 볼 수 있어요.

튜브 마늘 / 생강 계량

마늘	
1/2쪽	1/2작은술
1쪽	1작은술
2쪽	2작은술

생강	
5g	1작은술
10g	2작은술
15g	1큰술

전자레인지 출력(W)별 가열 시간

이 책은 600W 기종으로 만든다는 것을 전제로 했습니다.

600W	500W	700W
1분	1분 10초	50초
2분	2분 20초	1분 40초
3분	3분 40초	2분 30초
4분	4분 50초	3분 20초
5분	6분	4분 20초
6분	7분 10초	5분 10초
7분	8분 20초	6분
8분	9분 40초	6분 50초
9분	10분 50초	7분 40초
10분	12분	8분 30초

저당질 레시피 마크

~~58가지~~ 116가지

악마 대신 천사가 그려져 있으면 저당질 레시피입니다. 전날 과식했거나 당을 너무 많이 섭취했다면 다음 날은 천사의 레시피를 만들어서 균형 잡힌 한 끼 식사를 하시길 바랍니다.

류지식 악마의 레시피를 완벽 재현!

자주 사용하는 조미료

① 멘쓰유*(3배 농축)

② 백다시**

③ 미림

④ 요리술(청주)

⑤ 중화요리 조미료(페이스트)

⑥ 과립 콘소메***

⑦ 감칠맛 조미료****

⑧ 마늘

⑨ 참기름

⑩ 올리브유

⑪ 버터(가염)

⑫ 흑후추

⑬ 파슬리 가루

⑭ 고추기름

⑮ 파마산 치즈가루

⑯ 실파

⑰ 참깨

⑱ 잘게 썬 김*****

＊주로 면 요리에 쓰이며 여러 재료를 섞어 만든 맛간장.
＊＊가츠오부시와 다시마 등으로 우려낸 국물에 흰색 간장, 설탕 등을 더해 만든 다시국.
＊＊＊치킨스톡으로 대체할 수 있다.
＊＊＊＊미원으로 대체할 수 있다.
＊＊＊＊＊조미김보다 돌김, 김밥용 김.

- 설탕은 백설탕, 소금은 고운 소금, 식초는 쌀 식초, 간장은 양조간장, 일본식 된장은 혼합 된장을 사용했습니다.
- 이 책에서 사용한 후추는 모두 흑후추지만, 백후추로도 맛있게 만들 수 있습니다.
- 중화요리 조미료(페이스트)는 닭고기 육수 분말*로 대체할 수 있습니다.
- 감칠맛 조미료는 다시마차로 대체할 수 있습니다. 단, 염분이 많아지므로 조절해주세요.

＊닭고기 육수 분말은 닭고기 육수맛을 내는 조미가루로 우리나라의 다시다 같은 개념.

감칠맛 조미료의 사용법

감칠맛 조미료는 '염분'이 아닌 '감칠맛 덩어리'이기에 염분이 강한 조미료와 함께 사용하면 요리가 더욱 맛있어집니다. 즉, 간장+감칠맛 조미료=「육수 간장」, 소금+감칠맛 조미료=「육수 소금」, 일본식 된장+감칠맛 조미료=「육수 된장」이라는 조합이 기본입니다. 이를 콘소메나 일본풍 육수 분말 대신 사용하면 가다랑어포나 소고기의 향을 첨가하지 않고도 '감칠맛'을 낼 수 있습니다. 심플하게 조미료와 재료의 맛을 온전히 먹을 수 있기에 저는 '재료를 살리는 조미료'로 활용하고 있습니다.

①
②
③
④
⑤
⑥
⑦
⑧
⑨
⑩
⑪
⑫
⑬
⑭
⑮
⑯
⑰
⑱
いつもの料理がランクアップ
ヤマキ
割烹白だし
キクマサピン
菊正宗
辛口
KRAFT
100% PARMESAN
Grated Cheese
クラフト 100%パルメザン
S&B
ブラックペッパー
GABAN
パセリ
彩りと風味に きざみねぎ
使い方いろいろ
白いりごま
きざみのり
8g 15kcal
賞味期限2019.10.13
創味シャンタン
DELUXE
AJINOMOTO
コンソメ
味の素
かどやの純正 ごま油
コレステロール0
日清
やさし～く香る
EXTRA VIRGIN
Olive Oil
雪印メグミルク
北海道バター
200g

제 1 장

중독되는 전설의 레시피

트위터에 공개한 레시피 중에서도
만 명 이상이 '좋아요!'를 눌러준 것만 모았습니다.
직접 만들어 보면 '짧은 시간, 최고의 맛'이라는
콘셉트를 실감하실 겁니다!

전자레인지로 최고급 레스토랑 맛을 재현!

반숙 카망베르 카르보나라

재료 (1인분)

- 파스타 … 1묶음(약 100g, 5분간 삶기)
- Ⓐ
  - 과립 콘소메 … 1작은술 가득
  - 소금 … 약간
  - 올리브유 … 2작은술
  - 물 … 270cc
  - 마늘(다지기) … 1쪽
  - 베이컨(잘게 썰기) … 40g
  - 카망베르 치즈 … 50g
- 버터 … 10g
- 달걀 … 1개
- 흑후추 … 듬뿍

1 내열용기에 파스타를 반으로 접어서 넣고, Ⓐ를 더해 전자레인지로 11분간 가열한다.

2 버터를 넣고 잘 섞는다.

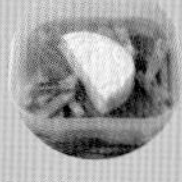

3 푼 달걀을 넣어 다시 잘 섞고, 그릇에 옮겨 담아 흑후추를 뿌린다.

point 먼저 버터를 넣어 섞었기 때문에 전체 온도가 내려가 달걀이 반숙이 됩니다.

카망베르를 반이나 사용하니
맛이 없을 수가 없지요

귀찮은 새우 손질도 필요 없는 무시무시한 맛!

새우 슈마이·칠리

재료 (2인분)

- 새우 슈마이(시판용) … 12개
- 샐러드유 … 1큰술
- 마늘(다지기) … 1쪽
- 케첩 … 3큰술
- Ⓐ
  - 청주 … 2작은술
  - 고춧가루 … 1/2작은술
  - 중화요리 조미료(페이스트) … 1/2작은술
  - 물 … 100cc
- 전분가루 … 1작은술
- 대파(다지기) … 1/3대

1 새우 슈마이를 포장지에 표기된 대로 데운다.

2 프라이팬에 샐러드유를 둘러 달구고 마늘을 볶는다. 마늘 향이 배어나면 케첩을 넣고 볶는다.

3 2에 Ⓐ를 넣고 한소끔 끓인다. 물에 푼 전분가루를 넣어 농도를 조절하고 1과 대파를 버무린다.

point 맵기 조절은 고춧가루로.

새우 슈마이는
악마의 만능 식재료

날달걀 덮밥, 고기 말이, 냉 두부 등 이름에 걸맞게 모든 요리에 어울리는

악마의 만능 파

재료 (만들기 쉬운 분량)

- 실파 … 1묶음(약 100g)

Ⓐ
- 참기름 … 1큰술
- 감칠맛 조미료* … 1/4작은술
- 소금 … 1/4작은술
- 빻은 깨 … 1큰술

* 화학조미료로 미원으로 대체 가능.

1 실파를 송송 썬다.

2 Ⓐ를 섞으면 끝.

point 제철인 5월이 가장 맛있답니다.

흰쌀밥을 미친 듯이 먹을 수 있다

청차조기 절임

재료 (만들기 쉬운 분량)

- 청차조기* … 20장
- Ⓐ 백다시 … 2와 1/2큰술
- Ⓐ 물 … 4큰술
- 고추기름 … 취향껏

* 청차조기는 깻잎과 유사한 잎채소이며 독특한 향이 있다.

두 그릇째에는 고추기름을 뿌려서 먹으면 최고예요

1 그릇에 청차조기와 Ⓐ를 넣고, 랩을 씌워 30분간 절인다.

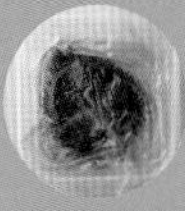

2 밥을 싸서 먹는다.

point 남은 소스에 찬물을 섞어 연하게 만든 후, 밥을 말아 먹어도 맛있어요.

무에 스며든 다시 국물이 입안 가득 주~욱 퍼지는

편의점 어묵탕으로 만든 무 튀김

재료 (1인분)

- 편의점 어묵탕 무 … 1개
- 전분가루 … 적당량

가장 처음 SNS에서 화제가 된 레시피의 간단한 버전이에요

1 무를 한입 크기로 썰고, 키친타월로 물기를 꼼꼼하게 닦는다.

2 전분가루를 뿌리고, 센 불로 가볍게 튀기면 끝.

point 가루를 묻히고 바로 튀기지 않으면 끈적끈적해져요.

양파가 계속 들어가는 마약 메뉴 등장

양파와 콘비프 폭탄

재료 (만들기 쉬운 분량)

- 양파 … 1개
- 콘비프* … 1캔
- 흑후추 … 취향껏
- 폰즈간장** … 취향껏

＊소고기 소금절임 통조림.

＊＊간장에 다시 육수를 섞은 것.

한 장씩 벗겨가며 싸 먹으면
이곳이 바로 천국

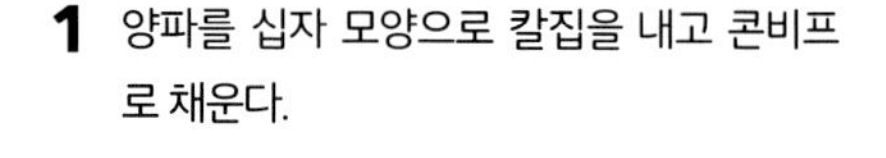

1 양파를 십자 모양으로 칼집을 내고 콘비프로 채운다.

2 랩을 씌워 전자레인지로 7분간 가열하고, 흑후추를 뿌리면 끝.

point 폰즈간장에 찍어서 드세요.

보들보들 가지에 버터+멘쓰유 고추냉이

최강의 가지 버터 덮밥

재료 (1인분)

- 가지 … 1개
- 밥 … 1공기 분량
- 버터 … 10g
- Ⓐ
  - 멘쓰유 … 1큰술
  - 가다랑어포 … 취향껏
  - 고추냉이 … 취향껏

1 가지에 이쑤시개로 구멍을 한 군데 내고, 랩으로 전체를 감싼다. 전자레인지로 2분간 가열하고, 세로로 얇고 길게 찢는다.

2 덮밥 용기에 밥을 담고, 1과 버터를 얹은 뒤 Ⓐ를 뿌린다.

point 가열한 직후의 가지는 엄청 뜨거우니 조심하세요.

흰쌀밥 없이 가지만 먹으면
안주로 최고입니다

밀가루 반죽 대신 고기로 만든 피자

저세상 맛 고기 피자

재료 (2인분)

- 돼지 등심 … 2장
- 소금, 후추 … 약간씩
- 올리브유 … 1작은술
- 토마토 소스(시판용) … 4큰술
- 피자용 치즈 … 60g

<토핑>

- 파슬리 · 흑후추 · 타바스코 … 취향껏

1 돼지고기에 소금과 후추로 밑간을 해 둔다. 프라이팬에 올리브유를 둘러 달구고, 돼지고기 양면을 노릇하게 굽는다.

2 1에 전체적으로 토마토 소스를 붓고 치즈를 얹는다. 약한 불에 올려 뚜껑을 덮고, 치즈가 녹으면 완성.

point 얇게 편 닭고기로 만들어도 맛있어요.

악마스럽게 칼로리가 높아 보여도,
저당질! 즉, 타락한 천사 같은 메뉴

진짜 원조

기적의 감자 알리고

재료 (만들기 쉬운 분량)

- 치즈맛 자가리코* … 1개

Ⓐ
- 스트링치즈(잘게 찢는다) … 1개
- 소금 … 약간
- 뜨거운 물 … 150cc

* '자가리코'는 일본 감자 과자로 '눈을 감자(오지치즈맛)'로 대체할 수 있다.

카레나 하야시 라이스에 곁들여 먹어도 맛있어요

1. 자가리코를 내열용기에 담고, Ⓐ를 넣어 뚜껑을 덮고 4~5분 기다린다.
2. 끈적해질 때까지 끈기 있게 계속 젓는다. (덜 늘어나면 전자레인지로 40초 더 가열한다)

point 식으면 전자레인지로 다시 가열한다. 이게 비결이에요

우유로 만들었더니 훨씬 맛있다

고급버전 감자 알리고

재료 (만들기 쉬운 분량)

- 치즈맛 자가리코 … 1개

Ⓐ
- 스트링치즈(잘게 찢는다) … 1개
- 마늘(다지기) … 1/2쪽
- 데운 우유 … 170cc

Ⓑ
- 버터 … 5g
- 소금 … 약간

<토핑>
- 파슬리 · 흑후추 … 취향껏

1. 자가리코를 내열용기에 담고, Ⓐ를 넣어 뚜껑을 덮고 3분 기다린다.
2. 끈적해질 때까지 가볍게 섞고, Ⓑ를 넣어 전자레인지로 40초간 가열한다.
3. 끈적해질 때까지 끈기 있게 계속 젓는다.

point 일반버전보다 맛있지만 끈기가 필요합니다.

데운 채소와 함께라면 안주로 딱입니다

© Calbee

물을 한 방울도 넣지 않고 만들었더니 장난 아니게 맛있다!

물 없이 만드는 배추 카레

재료 (2인분)

Ⓐ
- 얇게 썬 돼지고기 … 180g
- 배추(한입 크기) … 1/12개(250g)
- 마늘(다지기) … 1쪽
- 버터 … 10g
- 청주 … 5큰술

Ⓑ
- 설탕 … 1작은술보다 약간 적게
- 우스터 소스 … 1작은술
- 카레 루 … 2조각

1 작은 냄비에 Ⓐ를 넣고 한 번 끓여 알코올을 날린다. 뚜껑을 덮고 약한 불로 20분간 끓인다.

2 Ⓑ를 더해 가볍게 조린다.

point 맛이 너무 진해지면 물을 넣으세요. 물 없이 만든 카레가 아니게 되지만…

루를 바꾸면 카레뿐만 아니라 스튜도, 하야시 라이스도 만들 수 있어요

달걀이 이렇게나 맛있었던가?

궁극의 버터 스크램블드에그

재료 (1인분)

- 달걀 … 2개
- 버터 … 20g
- 소금 … 2꼬집

1 냄비에 물을 붓고, 물이 끓으면 불을 아주 약하게 줄인다.

2 1보다 작은 냄비를 뜨거운 물 위에 얹어 버터를 넣고 완전히 녹인다.

3 달걀을 잘 풀어 2의 작은 냄비에 넣고, 소금을 넣어 걸쭉해질 때까지 주걱으로 쉬지 않고 섞는다.

point 더 자세한 내용은 유튜브를 참고해 주세요.

야식 혁명은 간단히 일으킬 수 있다

참기름에 비벼 먹는 소금맛 소바

재료 (1인분)

- 중화면 … 1봉지(약 110~120g)
- 참기름 … 1큰술
- 마늘(다지기) … 1쪽
- Ⓐ 청주 … 2작은술
- Ⓐ 미림 … 2작은술
- 백다시 … 1과 1/2큰술
- 달걀노른자 … 1개

<토핑>

- 실파 · 흑후추 · 고추기름 … 취향껏

1 면을 삶는다. 그동안 다른 프라이팬에 참기름을 둘러 달구고, 마늘을 볶는다.

2 마늘 향이 배어나면 Ⓐ를 넣어 자작하게 조리면서 알코올을 날린 후, 그릇에 옮겨 담는다.

3 백다시를 넣어 면과 버무린 후, 달걀노른자를 얹는다.

point 아마 우동면도 잘 어울릴 거예요.

식초, 마요네즈, 유자후추로
한층 더 맛있게 즐겨보세요

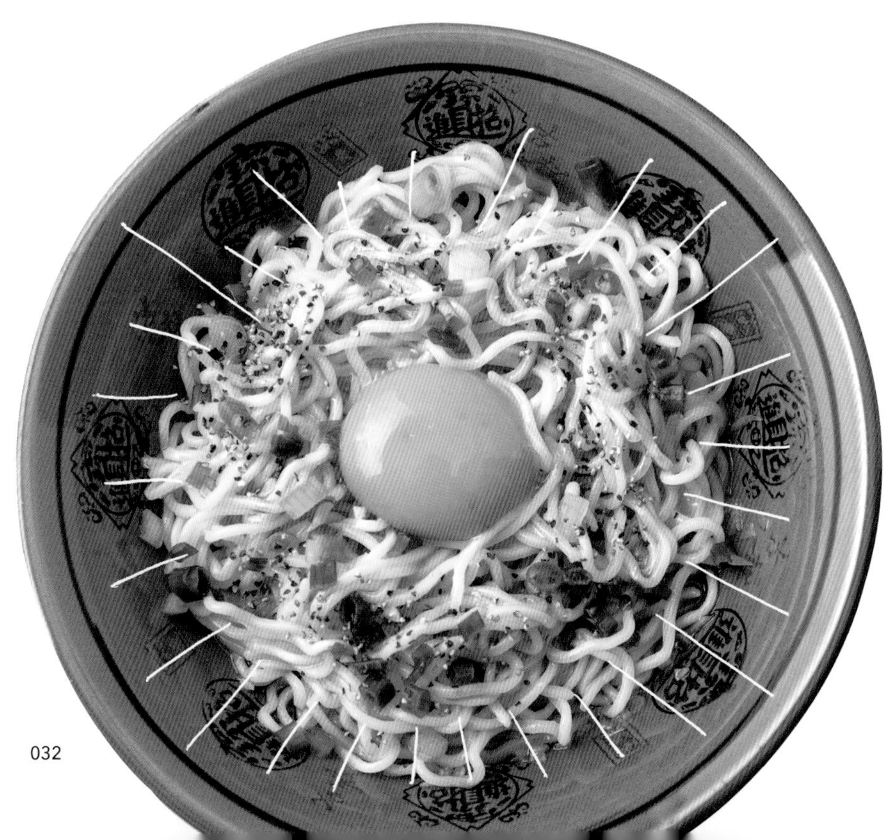

참기름에 비벼 먹는 소바가 맛있으니 참기름에 비빈 밥도…

참기름에 비벼 먹는 밥

재료 (1인분)

Ⓐ
- 식초 … 1/2큰술
- 감칠맛 조미료 … 1방울
- 간장 … 1큰술
- 불고기 소스 … 1큰술
- 참기름 … 1큰술

- 따뜻한 밥 … 200g
- 달걀노른자 … 1개

<토핑>
- 실파 · 식초 · 흑후추 · 마요네즈 · 고추기름 … 취향껏

1 덮밥 용기에 Ⓐ를 넣고, 밥을 섞는다. 마지막에 달걀노른자를 얹는다.

point 이 밥을 먹은 다음 날은 꼭 저당질 식사를 하세요.

맛있으면 돼지가 돼도 어쩔 수 없다고 생각하는 사람에게 적합

제 2 장

식욕 상승 밑반찬의 변신

고기 러버를 위한 마파두부? 닭가슴살로 만든 육즙 가득 튀김?
전자레인지로 만들 수 있는 함박스테이크?
돼지고기 생강구이보다 밥이 술술 넘어가는 레몬 버터 소스?
지금까지의 상식을 뒤엎는,
하지만 식탁 위 기본이 될 밑반찬입니다.

고기 러버에 의한 고기 러버를 위한 마파두부

마파 함박스테이크

재료 (2인분)

Ⓐ
- 다진 돼지고기 … 120g
- 빵가루 … 2큰술
- 소금, 후추 … 약간씩
- 중화요리 조미료(페이스트) … 1/4작은술

- 참기름 … 2작은술
- 마늘(다지기) … 1쪽

Ⓑ
- 미림 … 1/2큰술
- 간장 … 1/2작은술
- 일본식 된장 … 1과 1/2작은술
- 중화요리 조미료(페이스트) … 2/3작은술
- 고춧가루 … 5번 뿌리기
- 물 … 100cc
- 두부 … 150g

- 전분가루 … 2/3작은술

<토핑>

- 고추기름 · 실파 … 취향껏

1 Ⓐ를 잘 섞어 함박스테이크 반죽을 만든다.

2 프라이팬에 참기름을 둘러 달구고, 1을 굽는다. 고기를 가장자리에 밀어두고, 마늘을 넣어 가볍게 볶는다.

3 Ⓑ를 넣고 가볍게 조린 후, 물로 푼 전분가루로 걸쭉하게 만든다.

point 맵기 조절은 고춧가루로.

고기를 으깨면
마파 본래의 모습으로

아삭아삭 식감이 즐거운 육즙 함박스테이크

숙주나물 폭탄

재료 (1인분)

- Ⓐ
  - 다진 돼지고기 … 170g
  - 숙주나물 … 100g
  - 소금 … 약간
  - 흑후추 … 약간
  - 중화요리 조미료(페이스트) … 1/2작은술
- 참기름 … 2작은술

이 메뉴는 배부를 때까지 먹어도 괜찮아요

1 볼에 Ⓐ를 넣고, 숙주나물을 접으면서 잘 섞어 모양을 만든다.

2 프라이팬에 참기름을 둘러 달구고 중불로 1의 양면을 노릇하게 구운 후, 뚜껑을 덮어 약한 불로 찌듯이 굽는다.

point 나무꼬챙이로 찔러서 투명한 육즙이 나오면 완성.

토마토 주스로 고급 레스토랑 맛을 만든다

전자레인지로 푹 끓인 진홍의 함박스테이크

재료 (1인분)

Ⓐ
- 다진 고기 … 120g
- 과립 콘소메 … 1/2작은술
- 소금, 후추 … 약간씩
- 빵가루 … 2와 1/2큰술
- 물 … 1큰술

<소스>

Ⓑ
- 양파 … 1/8개
- 마늘(다지기) … 약간
- 과립 콘소메 … 1/2작은술
- 소금, 후추 … 약간씩
- 올리브유 … 2작은술
- 토마토 주스 … 100cc

<토핑>

- 파슬리 … 취향껏

1 Ⓐ를 섞어 함박스테이크 반죽을 만든다.

2 Ⓑ를 내열용기에 담아 잘 섞는다.

3 2 위에 1을 얹어 랩을 씌우고 전자레인지로 5분간 가열한다.

point 너무 간단해서 특별히 없습니다.

피망을 싫어하는 사람이 만든 피망 맛을 죽인 요리

피마이

재료 (2인분)

Ⓐ
- 다진 돼지고기 … 150g
- 양파(다진 것) … 1/4개
- 청주 … 1큰술
- 소금, 후추 … 약간씩
- 중화요리 조미료(페이스트) … 1/3작은술
- 전분가루 … 2작은술

- 피망 … 4개
- 고춧가루 · 간장 … 취향껏

1 Ⓐ를 잘 섞어, 피망에 채운다.

2 내열용기에 담아 랩을 씌우고 전자레인지로 5분간 가열한다.

3 고춧가루를 넣은 간장에 찍어서 먹는다.

point 전자레인지로 피망을 가열하면 열이 잘 전달돼서 달콤해져요.

육즙을 가득 머금은 피망

광속으로 튀겨 완성한, 도저히 믿을 수 없는 부드러움!

닭가슴살로 만든 얇은 튀김

재료 (2인분)

- 닭가슴살 … 1장
- Ⓐ
  - 마늘(다지기) … 1쪽
  - 청주 … 1큰술
  - 미림 … 1큰술
  - 감칠맛 조미료 … 1/3작은술
  - 간장 … 3큰술 가득
- 전분가루 … 적당량

싸고 맛있고 빠르다!
즉 악마를 넘어선 신 같은 존재

1 닭가슴살을 두께 8㎜ 정도로 얇게 썰고, Ⓐ와 버무려 맛이 들도록 상온에서 몇 분간 둔다.

2 1에 전분가루를 뿌린다.

3 프라이팬에 높이가 약 1㎝ 정도가 되게끔 기름을 붓는다. 중불보다 조금 센 불로 충분히 달군 후, 2를 1분씩 양면을 튀기듯 굽는다.

point 닭가슴살은 반해동 상태가 가장 자르기 편해요.

밥과 잘 어울리는 닭튀김을 연구한 결과물

우스터 소스로 감칠맛을 낸 닭튀김

재료 (2인분)

- 닭가슴살 … 1장(350g)
- Ⓐ 우스터 소스 … 4큰술
  마요네즈 … 2작은술
- 전분가루 … 적당량

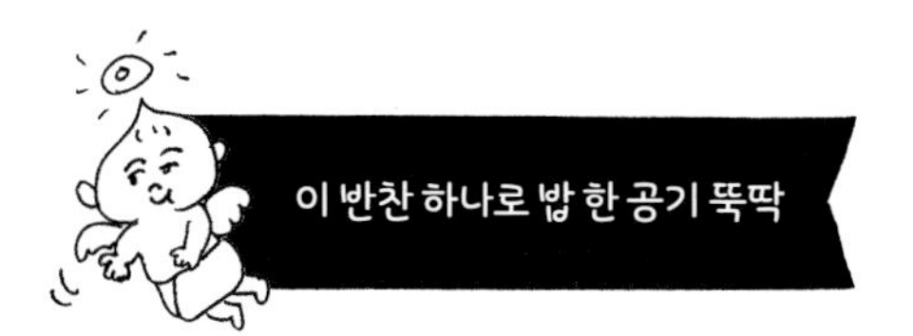

1. 닭가슴살을 8등분으로 자르고 Ⓐ와 버무려 상온에서 1시간 재운다.
2. 1에 전분가루를 뿌리고, 중불에서 연한 갈색이 될 때까지 튀긴다.

point 고기를 미리 해동해 두면 두 번 튀기지 않아도 됩니다.

오랜 시간 끓이지 않아도 깊은 맛을 낼 수 있다

초스피드 소고기 토마토찜

재료 (3인분)

- 마늘(얇게 썰기) … 2쪽
- 올리브유 … 2큰술
- 얇게 썬 소고기 … 300g
- 양파(얇게 썰기) … 1/2개
- 소금, 후추 … 약간씩

Ⓐ 과립 콘소메 … 2작은술
Ⓐ 토마토 통조림 … 1캔

소고기 덮밥 스타일로
먹어도 맛있어요

1 소고기에 소금과 후추로 밑간을 해 둔다. 프라이팬에 올리브유를 둘러 달구고, 마늘을 볶는다.

2 마늘 향이 배어나면 소고기와 양파를 더해 볶는다.

3 색이 바뀌면 Ⓐ를 넣어 뚜껑을 덮지 않은 상태로 센 불로 10분간 자작하게 조린다.

point 정성껏 만든 것처럼 보이기에 손님에게 대접하기 좋은 요리입니다.

천사처럼 착한 저당질, 악마처럼 사악한 맛

천사의 크림치즈 조림

재료 (2인분)

- Ⓐ
  - 얇게 썬 소고기 … 120g
  - 양파(얇게 썰기) … 1/4개
  - 소금, 후추 … 약간씩
- 버터 … 10g
- 만가닥버섯 … 1팩
- Ⓑ
  - 두유 … 150cc
  - 크림치즈 … 50g
  - 과립 콘소메 … 2작은술보다 약간 적게
- 흑후추 … 약간

1 프라이팬에 버터를 넣어 녹이고, Ⓐ를 볶는다.

2 만가닥버섯을 넣고 계속해서 볶는다.

3 Ⓑ를 넣고 한소끔 끓인 다음 흑후추를 뿌린다.

point 소고기 대신 닭고기로 만들어도 맛있어요.

치즈 중에서 압도적으로
저당질인 크림치즈

유린기 소스를 냉샤부샤부에 끼얹은

유린돈

재료 (2인분)

- 얇게 썬 돼지고기(한입 크기) … 200g

  <소스>

  Ⓐ
  대파(잘게 썰기) … 1/3대
  생강(잘게 썰기) … 5g
  설탕 … 3작은술
  감칠맛 조미료 … 3방울
  식초 … 1큰술
  간장 … 2큰술
  참기름 … 1작은술

- 실고추 … 취향껏

1 돼지고기를 뜨거운 물에 가볍게 삶고, 차가운 물로 식힌다.

2 1을 그릇에 담고, Ⓐ를 잘 섞어 뿌린다.

point 돼지고기 부위는 삼겹살이어도 되고 등심이나 뒷고기여도 됩니다.

아마 소면에 얹어 먹어도 맛있을 거예요

모든 고기류에 잘 어울리는 '양파 버터 소스'

소고기 샬랴핀 볶음

재료 (2인분)

- 얇게 썬 소고기 … 220g
- 샐러드유 … 1/2큰술
- 소금, 후추 … 약간씩

<소스>

Ⓐ
양파(잘게 썰기) … 1/2개
마늘(다지기) … 1/2쪽
버터 … 10g

Ⓑ
청주 … 1큰술
미림 … 1큰술
감칠맛 조미료 … 3방울
식초 … 1큰술
간장 … 1과 1/2큰술

1 소고기에 소금과 후추로 밑간을 해 둔다. 프라이팬에 샐러드유를 둘러 달구고, 소고기를 볶은 후 그릇에 옮겨 담는다.

2 1의 프라이팬에 Ⓐ를 넣고 볶는다.

3 2에 Ⓑ를 더해 센 불로 가볍게 볶은 후, 소고기에 얹는다.

point 소고기는 살짝 탈 때까지 볶아야 더 맛있어요.

소스만 있어도 한 끼 뚝딱

만약 양배추롤을 말지 않아도 된다면

따로따로 양배추롤 볶음

재료 (2인분)

Ⓐ
- 양배추(큼직하게 채썰기) … 1/4통(180g)
- 다진 돼지고기 … 80g
- 과립 콘소메 … 1과 1/2작은술
- 소금, 후추 … 약간씩

- 올리브유 … 2작은술
- 케첩 … 취향껏

1 프라이팬에 올리브유를 둘러 달구고, Ⓐ를 볶는다.

2 1을 그릇에 담고, 케첩을 뿌려서 먹는다.

point 냉장고에 남아 있는 재료를 활용하세요.

빵에 얹어 먹어도 맛있을 듯

닭꼬치 통조림이 빛을 발하는

악마의 닭꼬치 그라탱

재료 (1인분)

Ⓐ
- 닭꼬치 통조림(데리야키 소스맛)* … 1캔
- 양파(다지기) … 1/4개
- 마요네즈 … 1과 1/2큰술
- 소금, 후추 … 약간씩

- 피자용 치즈 … 30g

* 국내에서 가장 유사한 제품은 '노브랜드 숯불데리야키 닭꼬치'.

1 알루미늄 포일에 Ⓐ를 담아 고루 섞는다.

2 치즈를 얹고, 오븐(생선구이 그릴)으로 노릇노릇하게 될 때까지 굽는다.

point 저는 늘 호테이의 닭꼬치 통조림으로 만듭니다.

데리야키 치킨버거 같은 맛

닭튀김으로 탕수육을 만들었더니 맛있다

일본식 탕수육

재료 (2인분)

Ⓐ
- 양파(한입 크기) … 1/4개
- 당근(한입 크기) … 1/3개

- 샐러드유 … 1큰술
- 마늘(잘게 썰기) … 1쪽

Ⓑ
- 순살 닭튀김(시판용) … 150g
- 피망(한입 크기) … 1개
- 케첩 … 3큰술

Ⓒ
- 설탕 … 1작은술
- 중화요리 조미료(페이스트) … 2/3작은술
- 간장 … 1작은술
- 물 … 100cc

- 전분가루 … 1작은술

1 Ⓐ를 랩을 씌워 전자레인지로 2분간 가열한다.

2 프라이팬에 샐러드유를 둘러 달구고, 마늘을 볶는다. 1과 Ⓑ를 더해 계속해서 볶는다.

3 2에 Ⓒ를 더하고 물로 푼 전분가루를 넣어 농도를 조절한다.

point 닭튀김은 조리된 것도, 냉동인 것도 괜찮아요.

흰쌀밥이 순식간에 사라지는 닭튀김 반찬

돼지고기 생강구이보다 밥이 술술 넘어간다

돼지고기 레몬 스테이크

재료 (2인분)

- 돼지 등심 … 150g
- 소금, 후추 … 약간씩
- 버터 … 10g

<소스>

Ⓐ
- 마늘(다지기) … 1/2쪽
- 청주 … 1큰술
- 미림 … 1큰술
- 설탕 … 1/2작은술
- 감칠맛 조미료 … 3방울
- 간장 … 1큰술
- 레몬(통썰기) … 3장

1 돼지고기에 소금과 후추로 밑간을 해 둔다. 프라이팬에 버터를 넣어 녹인 후, 돼지고기를 중불로 구워 그릇에 담는다.

2 1의 프라이팬에 Ⓐ를 더해 레몬 과육을 짓누르면서 가볍게 조린다.

3 2를 1의 돼지고기에 끼얹는다.

point 레몬 대신 레몬즙 1작은술을 넣어도 돼요.

레몬×버터는 금단의 조합

만두소를 달걀로 감쌌더니 저당질!

오므만두

재료 (2인분)

Ⓐ
- 다진 돼지고기 … 70g
- 부추(잘게 썰기) … 1/2단
- 소금, 후추 … 약간씩
- 중화요리 조미료(페이스트) … 1/2작은술

- 샐러드유 … 적당량

<달걀물>

Ⓑ
- 달걀 … 3개
- 소금 … 1꼬집
- 물 … 1과 1/2큰술

<만두 소스>

Ⓒ 식초 · 간장 · 고추기름 … 취향껏

1 프라이팬에 샐러드유를 둘러 달구고, Ⓐ를 볶는다.

2 Ⓑ를 부어 가볍게 섞는다. 뚜껑을 덮고 익을 때까지 약한 불로 찌듯이 굽는다.

3 2를 Ⓒ소스에 찍어 먹는다.

point 빚지 않았지만 어디까지나 만두입니다.

만두나 부침개보다 저당질이면서 포만감도 있어요

새우 슈마이로 간단하게 새우 동그랑땡을 만들 수 있다

한입 크기의 새우 슈마이 동그랑땡

재료 (2인분)

- 새우 슈마이(시판용) … 1팩
- Ⓐ
  - 밀가루 … 적당량
  - 달걀(풀기) … 1개
  - 빵가루 … 적당량
- 중화 소스 … 취향껏

1 새우 슈마이를 해동한 후, Ⓐ를 순서대로 바르고 중불로 가볍게 튀긴다.

2 중화 소스를 뿌려서 먹는다.

point 도시락 반찬으로 추천해요.

제 3 장

채소를 잔뜩 섭취할 수 있는 무한 밑반찬

'반찬이 하나 더 있으면 좋겠다', '저장 반찬으로 만들어 두고 싶다'
그런 반찬 부담감에서 해방되는 초스피드 레시피를 소개합니다.
절이거나 굽거나 무치기만 하면 끝.
사용한 채소는 모두 16종류. 냉장고에 있는 재료로 먼저 만들어 보세요.

30초면 만들 수 있는 반찬

아보카도 다시 절임

재료 (만들기 쉬운 분량)

- 아보카도 … 1개
- Ⓐ 백다시 … 3큰술
- Ⓐ 물 … 140cc

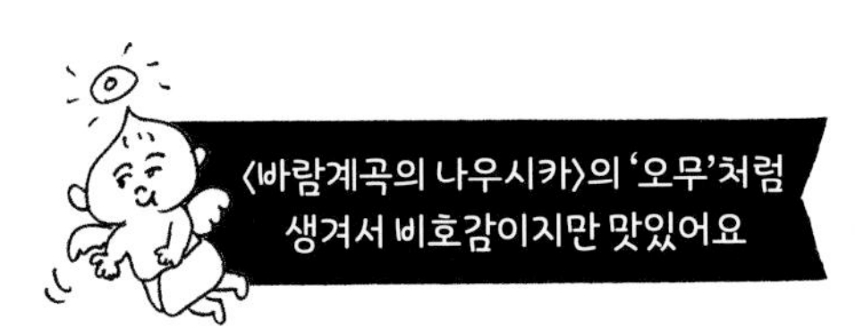

1 아보카도 껍질을 벗겨 반으로 자른다.

2 Ⓐ에 하룻밤 절이면 끝.

point 백다시와 물의 양은 아보카도가 잠길 정도로.

잎채소인데 밥도둑!

양배추 스테이크

재료 (1인분)

- 양배추 … 1/8통(90g)
- 버터 … 10g

<소스>

Ⓐ
- 마늘(다지기) … 약간
- 청주 … 2작은술
- 미림 … 2작은술
- 설탕 … 2꼬집
- 감칠맛 조미료 … 3방울
- 간장 … 2작은술

<토핑>

- 흑후추 … 취향껏

1 프라이팬에 버터를 넣어 녹인 다음 센 불로 양배추 양면이 그을리게 굽는다.

2 약한 불로 줄이고 나무꼬챙이가 관통할 정도로 부드럽게 익힌다. 그릇에 옮겨 담는다.

3 2의 프라이팬에 Ⓐ를 넣고 조린 후, 양배추 위에 뿌린다.

point 봄철에 먹으면 최고로 맛있어요.

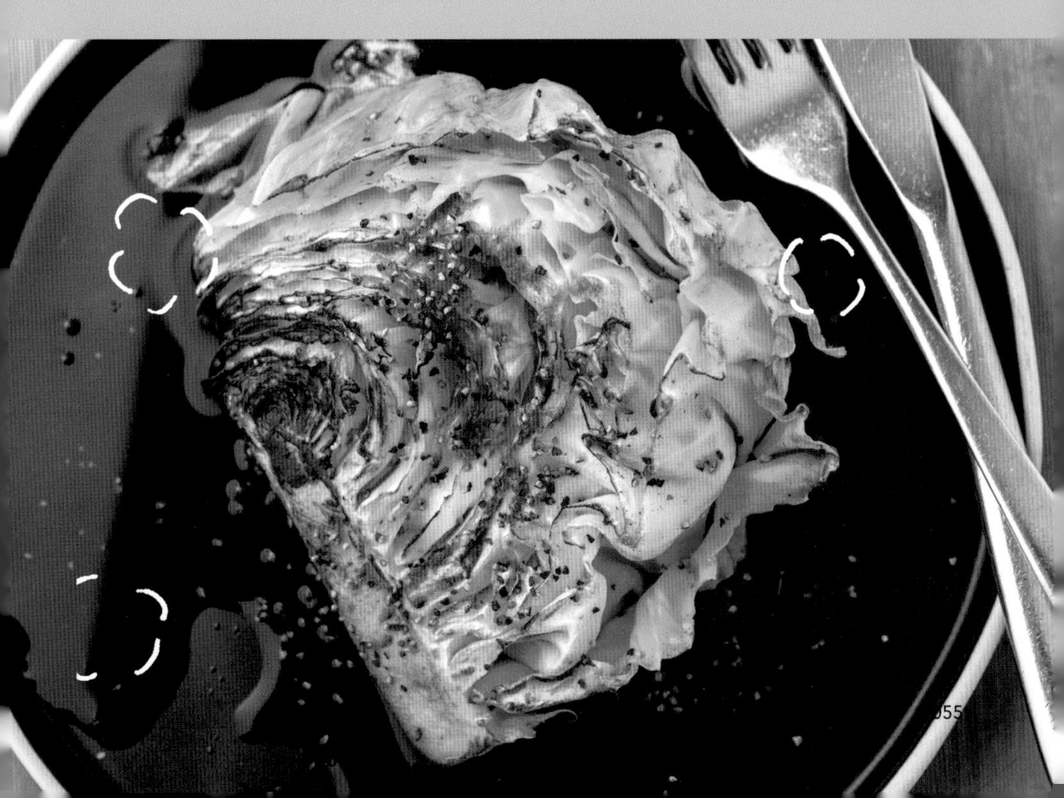

위험한 저장용 반찬

죽순으로 든갑한 송이버섯

재료 (만들기 쉬운 분량)

- 새송이버섯 … 1팩(130g)
- 참기름 … 2작은술

Ⓐ
- 감칠맛 조미료 … 1/4작은술
- 흑후추 … 약간
- 소금 … 1/4작은술
- 간장 … 1/2작은술

<토핑>
- 고추기름 … 취향껏

1 새송이버섯을 세로로 얇게 썬다.

2 프라이팬에 참기름을 둘러 달구고, 1과 Ⓐ를 넣는다. 숨이 죽을 때까지 중불로 볶는다.

밥반찬은 물론,
맥주 안주로도 좋아요

오이 특유의 향을 완전히 죽였다

오이 볶음

재료 (만들기 쉬운 분량)

Ⓐ
- 오이(채썰기) … 2개
- 매운 건고추(통썰기) … 1개

- 참기름 … 2작은술

Ⓑ
- 청주 … 1작은술
- 미림 … 2작은술
- 설탕 … 1작은술
- 간장 … 2작은술
- 백다시 … 1작은술

<토핑>
- 흰깨 … 취향껏

1 프라이팬에 참기름을 둘러 달구고, Ⓐ를 센 불로 가볍게 볶는다.

2 1에 Ⓑ를 더해 조린다.

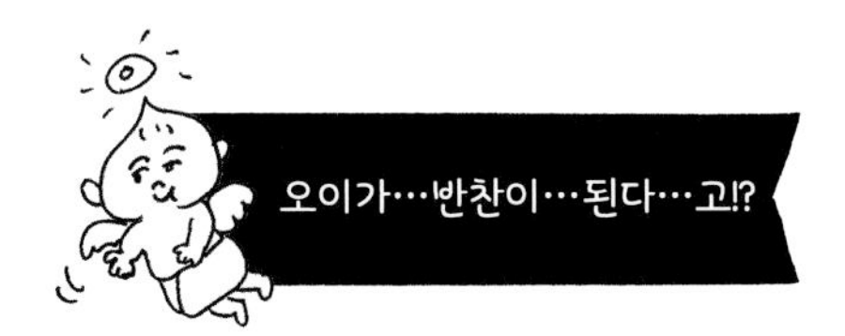

페페론치노맛 셀러리

셀러리치노

재료 (만들기 쉬운 분량)

- 셀러리(얇게 썰기) … 1대(100g)
- Ⓐ
  - 매운 건고추(통썰기) … 1개
  - 마늘(얇게 썰기) … 1쪽
- 올리브유 … 1큰술
- 소금 … 약간
- Ⓑ
  - 과립 콘소메 … 2/3작은술
  - 물 … 1큰술

1. 프라이팬에 올리브유를 둘러 달구고, Ⓐ를 볶는다. 마늘 향이 배어나면 셀러리를 넣고, 소금을 뿌린 후 계속해서 볶는다.
2. 1에 Ⓑ를 더해 볶는다.

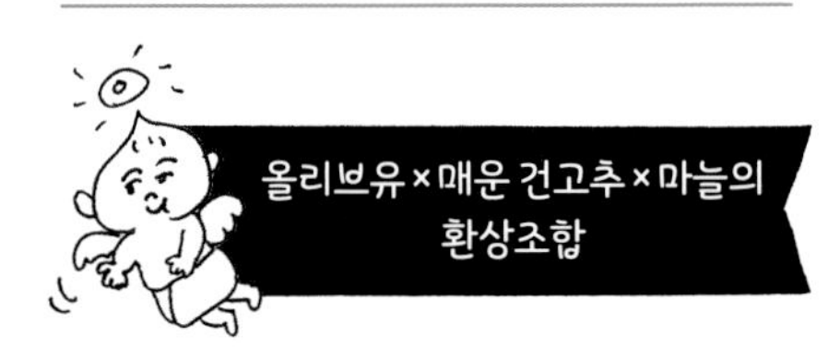

멘쓰유로 만드는 간단 데리야키

죽순 데리야키 버터

재료 (만들기 쉬운 분량)

- 죽순(삶은 것) … 150g
- 버터 … 10g
- Ⓐ 설탕 … 1/2작은술
  멘쓰유 … 1과 1/2큰술

1 프라이팬에 버터를 넣어 녹인 다음 죽순을 넣어 노릇하게 볶는다.

2 1에 Ⓐ를 더해 계속해서 볶는다.

돼지고기를 넣으면
메인 반찬이 된답니다

만드는 것도 먹는 것도 순식간

순식간 양상추 샐러드

재료 (만들기 쉬운 분량)

- 양상추 … 1/2통(200g)

Ⓐ
- 소금 … 약간
- 식초 … 1큰술
- 멘쓰유 … 1큰술
- 참기름 … 1큰술

Ⓑ
- 잘게 썬 김 … 취향껏
- 흰깨 … 취향껏

1 양상추를 찢고, Ⓐ와 잘 버무린다.

2 1을 그릇에 담고, Ⓑ를 뿌린다.

point 찢는 방법…? 아니, 따로 없습니다.

식초×멘쓰유×참기름으로 드레싱

된장국 외에도 활용할 수 있는 방법

나도팽나무버섯 버터

재료 (만들기 쉬운 분량)

- 대파(어슷썰기) … 1/3대
- 버터 … 10g
- 나도팽나무버섯 … 1팩(100g)
- Ⓐ
  - 감칠맛 조미료 … 3방울
  - 간장 … 2작은술
  - 흑후추 … 약간

1 프라이팬에 버터를 넣어 녹인 다음 대파를 넣어 볶는다.

2 1에 나도팽나무버섯과 Ⓐ를 넣어 계속 볶는다.

point 맵기 조절은 흑후추로.

냉장고에 평생 두고 싶은 매콤한 맛

악마의 부추단지

재료 (만들기 쉬운 분량)

- 부추(적당한 크기로 썰기) … 1봉지(약 100g)

Ⓐ
- 마늘(다지기) … 아주 약간
- 감칠맛 조미료 … 1/3작은술
- 소금 … 2꼬집
- 간장 … 1작은술
- 일본식 된장 … 2작은술
- 고춧가루 … 1/2작은술
- 참기름 … 2작은술

1 3~4㎝로 자른 부추와 Ⓐ를 잘 버무리면 끝.

2 하룻밤 숙성하면 더 맛있다.

point 맵기 조절은 고춧가루로.

라면이나 볶음밥에
얹어 먹어도 맛있어요

브로콜리 역사상 최고의 조리법

브로콜리 튀김

재료 (2인분)

- 브로콜리(한입 크기) … 1송이(220g)
- Ⓐ
  - 마늘(다지기) … 1/2쪽
  - 청주 … 2작은술
  - 미림 … 2작은술
  - 감칠맛 조미료 … 3방울
  - 간장 … 2큰술
- 전분가루 … 적당량

1 볼에 브로콜리와 Ⓐ를 넣어 버무린다. 전분가루를 뿌린 다음 튀긴다.

브로콜리의 감칠맛이 입안 가득 퍼져요

눈을 감고 먹으면 관자

새송이버섯 튀김

재료 (2인분)

- 새송이버섯(한입 크기) … 1팩
- Ⓐ
  - 청주 … 1작은술
  - 미림 … 1작은술
  - 감칠맛 조미료 … 2방울
  - 간장 … 1큰술
- 전분가루 … 적당량

1 볼에 새송이버섯과 Ⓐ를 넣어 버무린다. 전분가루를 뿌린 다음 튀긴다.

식감도 좋고 포만감도 있어 대만족

덜 익은 아보카도를 샀을 때는

두부 튀김풍으로 만든 아보카도 튀김

재료 (2인분)

- 아보카도(한입 크기) … 1개
- 전분가루 … 적당량

Ⓐ
백다시 … 20cc
뜨거운 물 … 80cc

Ⓑ
간 무 … 50g
실파 … 약간

1 아보카도에 전분가루를 듬뿍 뿌리고 튀긴다.

2 1을 그릇에 담아 Ⓐ를 뿌리고, Ⓑ를 곁들인다.

point 나무꼬챙이가 부드럽게 들어갈 정도로 튀겨주세요.

튀겨서 소스를 끼얹는 건 두부가 아닌 아보카도를 위한 조리법

카메라맨이 '요리 잘하시네요' 하고 말해준

토마토와 낫토와 달걀 중화 볶음

재료 (2인분)

- 달걀 … 1개
- 샐러드유 … 1큰술
- Ⓐ
  - 토마토(한입 크기) … 1개
  - 낫토 … 1팩
  - 중화요리 조미료(페이스트) … 1작은술보다 약간 적게
- 샐러드유 … 1큰술

저는 요리연구가입니다

1 프라이팬에 샐러드유를 둘러 고온에 달군다. 풀어 놓은 달걀을 넣고, 재빨리 반숙으로 만든 다음 꺼낸다.

2 다시 샐러드유를 두르고 Ⓐ를 넣어 센 불로 가볍게 볶는다.

3 1의 달걀을 다시 프라이팬에 넣고 가볍게 버무린다.

point 달걀이 너무 익지 않도록 주의.

치즈버거와 감자튀김을 함께 먹을 수 있는 맛

악마의 치즈·멜팅·감자튀김

재료 (만들기 쉬운 분량)

- 감자튀김(시판용) … 250g

<소스>

- 다진 고기 … 120g
- 소금, 후추 … 약간씩
- 마늘(다지기) … 1쪽
- 버터 … 10g
- Ⓐ 토마토 주스 … 150cc
- Ⓐ 과립 콘소메 … 1작은술보다 약간 적게
- 피자용 치즈 … 40g

1 감자튀김을 포장지에 표기된 대로 튀긴다.

2 다진 고기는 소금과 후추로 밑간을 해 둔다. 프라이팬에 버터를 넣어 녹이고, 마늘을 볶는다. 마늘 향이 배어나면 다진 고기를 넣어 볶는다.

3 2에 Ⓐ를 더해 수분이 날아갈 때까지 조린 후, 치즈를 넣어 녹인다. 1에 끼얹는다.

콜라와 먹으면 행복감과 죄책감이 가득

맥주와 잘 어울리는 매콤한 맛

가지 올리브유 초절임

재료 (2인분)

- 가지 … 3개
- 올리브유 … 2큰술

Ⓐ
- 매운 건고추(통썰기) … 1개
- 설탕 … 1작은술
- 식초 … 1과 1/3큰술
- 멘쓰유 … 1과 1/3큰술
- 물 … 1과 1/3큰술

<토핑>
- 흰깨 … 취향껏

1 가지를 세로로 반을 자르고 껍질 쪽에 격자 무늬로 칼집을 낸다.

2 프라이팬에 올리브유를 둘러 달구고, 중불로 1을 굽는다. 가지가 기름을 먹으면 Ⓐ를 더해 수분이 반으로 줄어들 때까지 조린다.

3 한 김 식힌다.

point 맵기는 매운 건고추로 조절하세요.

올리브유 × 식초 소스가
소박하게 맛있어요

따라하세요! "잎채소가 있으면 백다시 버터"

쑥갓과 돼지고기로 맛을 낸 백다시 버터

재료 (2인분)

- 얇게 썬 돼지고기 … 100g
- 소금, 후추 … 약간씩
- 버터 … 10g
- 쑥갓 … 1봉지(160g)
- 백다시 … 1큰술보다 약간 적게

1 돼지고기에 소금과 후추로 밑간을 해 둔다. 프라이팬에 버터를 넣어 녹인 다음 돼지고기를 넣어 센 불로 노릇노릇해질 때까지 볶는다.

2 1에 3~4㎝로 썬 쑥갓과 백다시를 넣어 계속해서 볶는다.

point 경수채나 소송채로 만들어도 아마 맛있을 거예요.

삼겹살 배추 전골을 서양풍으로 완성했어요

물 없이 만드는 페페론치노 찜

재료 (2인분)

Ⓐ
- 매운 건고추 … 1개
- 마늘(얇게 썰기) … 1쪽

• 올리브유 … 1큰술

Ⓑ
- 삼겹살(얇은 것) … 150g
- 배추(한입 크기) … 1/12개(250g)
- 청주 … 80cc
- 과립 콘소메 … 1작은술 가득
- 소금, 후추 … 약간씩

1 프라이팬에 올리브유를 둘러 달군 다음 Ⓐ를 넣어 볶는다.

2 향이 배어나면 Ⓑ를 넣어 뚜껑을 덮고 약한 불로 20분간 찐다.

point 취향에 따라 소금이나 폰즈간장에 찍어 드세요.

페페론치노의 향만 맡아도 술이 술술

제 4 장

초스피드로 만들 수 있는 술안주

유튜브 영상도 술을 마시면서 찍는 저는
숨길 수 없는(숨기려고도 하지 않지만) 술꾼입니다.
즉, '취해도 만들 수 있을 정도로' 간단한 레시피지요.
술이 잔에서 사라지는 맛을 추구했습니다.

올리브유로 곱창찜

내장 알 아히요

재료 (만들기 쉬운 분량)

Ⓐ
- 곱창 … 200g
- 좋아하는 버섯 … 1/2팩
- 마늘(으깨기) … 4쪽
- 매운 건고추(통썰기) … 2개
- 중화요리 조미료(페이스트) … 2/3작은술
- 소금 … 약간
- 흑후추 … 약간

- 올리브유 … 적당량

1 작은 냄비에 Ⓐ를 넣고, 재료가 잠기도록 올리브유를 붓는다.

2 중간에 섞어주면서 약한 불로 5분간 찐다.

point 곱창 냄새가 싫으면 먼저 삶아두세요.

녹은 치즈와 새송이버섯의 조화로운 식감이 최고

스트링치즈 알 아히요

재료 (만들기 쉬운 분량)

Ⓐ
- 스트링치즈(한입 크기) … 2개
- 새송이버섯(한입 크기) … 1팩
- 마늘(으깨기) … 3쪽
- 매운 건고추 … 1개
- 소금 … 약간

- 올리브유 … 적당량

1 작은 냄비에 Ⓐ를 넣고, 재료가 잠기도록 올리브유를 붓는다.

2 약한 불로 5분간 찐다.

point 스트링치즈는 적당한 크기로 편하게 자르면 돼요.

초스피드 술도둑

팽이카도

재료 (1인분)

- 아보카도 … 1/2개
- 팽이버섯 조림(시판용)* … 2큰술
- 잘게 썬 김 … 약간

*팽이버섯을 간장, 식초, 설탕으로 조린 반찬.

1 아보카도를 얇게 썬다.

2 1 위에 팽이버섯 조림을 얹고, 잘게 썬 김을 뿌린다.

흐물흐물×흐물흐물

서양의 '발효'×동양의 '발효'

크림치즈 낫토

재료 (1인분)

- 크림치즈(1㎝로 깍둑썰기) … 25g
- 낫토 … 1팩
- Ⓐ 올리브유 … 약간
- Ⓐ 흑후추 … 약간

1 낫토와 함께 들어 있는 간장 소스와 연겨자를 잘 섞고, 치즈와 버무린다.

2 1에 Ⓐ를 뿌린다.

끈적끈적×끈적끈적

저렴한 참치캔을 우아하게

참치보나라

재료 (만들기 쉬운 분량)

- 참치캔(올리브유) … 1캔
- Ⓐ
  - 양파(잘게 썰기) … 1큰술
  - 감칠맛 조미료 … 1방울
  - 멘쓰유 … 1작은술
  - 파마산 치즈가루 … 1과 1/2작은술
- 달걀 … 1개
- 흑후추 … 약간

1 참치캔의 기름을 짜서 버린다. 캔에 Ⓐ를 넣는다.

2 1에 달걀노른자를 올리고 흑후추를 뿌린다.

3 섞으면서 크래커에 얹어서 먹는다.

point 달걀노른자를 뭉개면서 소스처럼 즐겨주세요.

닭튀김보다 간단

문어 튀김

재료 (1인분)

- 삶은 문어 … 100g
- Ⓐ
  - 생강(다지기) … 5g
  - 청주 … 2작은술
  - 미림 … 2작은술
  - 간장 … 2큰술
- 전분가루 … 적당량

1 문어를 적당한 크기로 썰고, Ⓐ와 버무려 상온에서 30분간 재운다.

2 1에 전분가루를 뿌려 중불로 가볍게 튀긴다.

point 삶은 문어라서 바삭할 정도로만 튀겨도 돼요.

이것이 바로 콘비프의 올바른 사용법

생 민스 커틀릿

재료 (만들기 쉬운 분량)

- 콘비프 … 1캔
- 마요네즈 … 2작은술
- 흑후추 … 약간
- 빵가루 … 1큰술
- 파마산 치즈가루 … 1/2큰술

Ⓐ
- 돈가스 소스 … 취향껏
- 머스터드 … 취향껏
- 케첩 … 취향껏

1 콘비프와 마요네즈를 버무려 동그랗게 만든 후, 흑후추를 뿌린다.

2 빵가루를 프라이팬에 볶고, 색이 변하면 파마산 치즈가루와 섞어 1에 뿌린다.

3 취향에 따라 Ⓐ를 뿌려서 먹는다.

point 콘비프는 상온 상태로 준비해주세요.

조금씩 먹다 보면 멈출 수 없는 맛

맥주가 무섭게 사라지는

악마의 고기말이 치즈 떡갈비

재료 (2인분)

- 기리모치* … 2개
- 삼겹살(얇은 것) … 100g
- 소금, 후추 … 약간
- 참기름 … 1/2큰술

Ⓐ
불고기 소스(중간 매운맛) … 1큰술 가득
설탕 … 2꼬집
일본식 된장 … 1/3작은술

- 피자용 치즈 … 30g

Ⓑ
실파 … 취향껏
깨 … 취향껏
실고추 … 취향껏

*네모난 모양의 일본식 찹쌀떡.

1 반으로 자른 기리모치를 삼겹살로 감싼 후, 소금과 후추를 뿌린다.

2 프라이팬에 참기름을 둘러 달구고, 1을 노릇하게 굽는다. 뚜껑을 덮고 약한 중불로 기리모치가 부드러워질 때까지 기다린다.

3 Ⓐ를 섞어 2에 더한다. 치즈를 얹어 녹인다. 마지막에 Ⓑ를 뿌린다.

point 잘 아시겠지만 엄청 뜨거우니 조심하세요.

아이들은 밥으로, 어른들은 술안주로 즐기세요

저당질 안주

두부 페페론치노

재료 (2인분)

- Ⓐ
  - 베이컨(세로로 길게 썰기) … 40g
  - 마늘(얇게 썰기) … 2쪽
  - 매운 건고추(통썰기) … 1개
- 올리브유 … 1과 1/2큰술
- Ⓑ
  - 두부(한입 크기) … 300g
  - 과립 콘소메 … 1작은술
  - 소금 … 약간

1 프라이팬에 올리브유를 둘러 달구고, Ⓐ를 볶는다.

2 1에 Ⓑ를 더해 계속해서 볶는다.

point 두부 물기를 뺄 필요도 없어요.

부엌에서 맥주를 마시며 요리하는 여름

자차이와 파에 흑후추 범벅 두부

재료 (1인분)

- Ⓐ
  - 자차이(잘게 썰기) … 30g
  - 대파(어슷썰기) … 1/3대
- 참기름 … 1과 1/2작은술
- Ⓑ
  - 청주 … 1작은술
  - 미림 … 1작은술
  - 설탕 … 1꼬집
  - 감칠맛 조미료 … 1방울
  - 간장 … 1작은술
  - 흑후추 … 듬뿍
- 부드러운 두부(연두부) … 150g

1 프라이팬에 참기름을 둘러 달구고, Ⓐ를 가볍게 볶는다.

2 1에 Ⓑ를 넣고 가볍게 볶은 다음 두부에 얹는다.

point 맵기 조절은 흑후추로.

맥주 범벅이 되기 위한
흑후추 범벅

와인의 발상지 조지아의 요리

악마의 갈릭스튜 '시크메룰리'*

재료 (2인분)

- 버터 … 20g
- 마늘(큼직하게 다지기) … 6쪽
- 닭가슴살(한입 크기) … 350g
- 소금 … 약간
- Ⓐ
  - 우유 … 300cc
  - 크림치즈 … 70g
  - 과립 콘소메 … 1작은술
  - 소금 … 1/5작은술
  - 흑후추 … 약간
- 빵 … 취향껏

*튀긴 닭과 함께 마늘과 우유, 물을 넣어 끓인 조지아 전통 음식.

1 프라이팬에 버터를 넣어 녹인 다음 마늘을 넣어 마늘 향이 배어날 때까지 볶는다.

2 소금을 뿌려 둔 닭고기를 넣어 바삭하고 노릇하게 될 때까지 충분히 굽는다.

3 Ⓐ를 더해 농도가 걸쭉해질 때까지 조린다. 빵을 풍덩 빠뜨린다.

point 다음 날 중요한 약속을 잡지 않기를 권합니다.

보들보들 반만 익혀서 먹는 연어 스테이크

전자레인지 포치드 연어

재료 (1인분)

- 연어(횟감용) … 1토막
- 소금, 후추 … 적당량

<소스>

Ⓐ
설탕 … 1꼬집
소금 … 약간
감칠맛 조미료 … 2방울
간장 … 1/2작은술
레몬즙 … 1/2작은술
마요네즈 … 1과 1/2큰술
올리브유 … 1작은술

- 흑후추 … 약간

1 키친타월로 연어의 수분을 닦고, 소금과 후추를 듬뿍 뿌린다.

2 1에 랩을 씌워 전자레인지로 30초간 가열한다. 뒤집어 다시 20초간 가열한다.

3 2에 Ⓐ를 섞은 소스를 뿌리고 마지막에 흑후추를 뿌린다.

point 레어가 맛있으니 가열하는 시간은 상태를 보면서 조금씩 조절하세요.

입안에서 연어가 사르륵 녹아요

생선 대신 오징어 젓갈*을 끓인 국

술부대국

재료 (1인분)

- 두부 … 150g
- Ⓐ
  - 오징어 젓갈 … 1큰술
  - 백다시 … 1큰술
  - 물 … 300cc
- 일본식 된장 … 1큰술
- 실파 … 약간

*여기서 말하는 오징어 젓갈이란 새우젓처럼 소금에 절인 젓갈을 말한다.

1 작은 냄비에 두부와 Ⓐ를 넣어 충분히 끓인다.

2 1에 된장을 풀어 넣고, 실파를 뿌리면 끝.

point 젓갈 양에 맞춰 된장도 조금만.

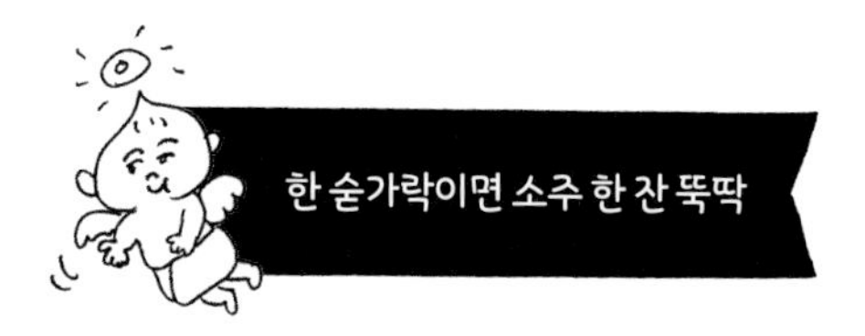

제 5 장

한 그릇으로 배부른 메뉴 덮밥·볶음밥·카레·영양밥

따로 반찬조차 필요 없는 덮밥,
왠지 계속 당기는 농후한 볶음밥,
'물 없이' 만드는 카레·스튜·하야시 라이스,
마치 고급 음식점에서 먹는 것 같은 영양밥.
한 그릇으로 배부르게 먹을 수 있는 행복한 레시피입니다.

마약처럼 중독되는 향이 부엌에 가득 차는

태운 파와 고기 후리카케 덮밥

재료 (1인분)

- 대파(다지기) … 1/3대
- 참기름 … 1큰술
- 다진 돼지고기 … 80g

Ⓐ
청주 … 2작은술
미림 … 2작은술
소금 … 약간
백다시 … 1큰술

<토핑>

- 실파 … 취향껏
- 흑후추 · 고추기름 … 취향껏

1 프라이팬에 참기름을 둘러 달구고, 대파가 갈색이 될 때까지 약한 불로 천천히 볶는다.

2 1에 돼지고기를 넣고 센 불로 가볍게 볶는다. Ⓐ를 더해 수분이 날아갈 때까지 볶는다.

3 그릇에 밥을 담아 2를 얹은 후, 실파를 뿌린다.

point 대파를 너무 태우지 않도록 주의.

맛이 없을 수 없는 소스 '버터간장'

마약 버섯 덮밥

재료 (1인분)

- 베이컨(잘게 썰기) … 40g
- 버터 … 10g
- 만가닥버섯 … 1팩

Ⓐ
마늘(다지기) … 1/2쪽
청주 … 1큰술
미림 … 1큰술
감칠맛 조미료 … 3방울
설탕 … 1작은술보다 약간 적게
간장 … 1큰술 가득

- 달걀 … 1개

<토핑>

- 흑후추 … 취향껏

1 프라이팬에 버터를 넣어 녹이고, 베이컨을 볶는다. 만가닥버섯을 더해 계속 볶는다.

2 1에 Ⓐ를 더해 가볍게 조린다.

3 그릇에 밥을 담아 2를 얹는다. 달걀프라이를 올린다.

point 잎새버섯이나 새송이버섯으로 만들어도 맛있어요.

파스타로 만들어도 맛있어요

젓갈의 짠맛이 기분 좋은 자극과 감칠맛을 가져다주는

젓갈 볶음밥

재료 (1인분)

- 오징어 젓갈* … 40g
- 샐러드유 … 1큰술
- 달걀 … 1개
- 밥 … 1공기 분량

Ⓐ
양파(다지기) … 1/8개
감칠맛 조미료 … 약간
소금, 후추 … 약간씩

<토핑>

- 고추기름 · 시치미가루** … 취향껏

*83쪽에 등장한 것과 같은 젓갈.

**고추가루를 주원료로 하는 일본의 조미료로, 고춧가루 · 산초가루 · 검은깨 등 7종류의 향신료가 들어 있다.

1 프라이팬에 샐러드유를 둘러 달구고, 오징어 젓갈을 넣어 센 불로 젓갈의 향이 배어날 때까지 볶는다.

2 1에 달걀을 풀어 넣고, 곧바로 밥을 넣는다. Ⓐ를 더해 가볍게 섞는다.

point 간단해서 살짝 취해도 만들 수 있어요.

퇴근 후 마시는 밤술을 마무리 지을 때 먹는 메뉴!
애석하게도 또 술을 부르지만요

내 역사상 가장 맛있는 볶음밥

산산조각 콩나물 된장 볶음밥

재료 (1인분)

- 다진 돼지고기 … 70g
- 소금, 후추 … 약간씩
- 참기름 … 1큰술
- 일본식 된장 … 1큰술
- 달걀 … 1개

Ⓐ
밥 … 1공기 분량
감칠맛 조미료 … 6방울
간장 … 1작은술

- 콩나물 … 100g

<토핑>

- 실파 · 고추기름 … 취향껏

1 돼지고기는 소금과 후추로 밑간을 해 둔다. 프라이팬에 참기름을 둘러 달군 후, 돼지고기와 된장을 넣고 볶는다.

2 달걀과 Ⓐ를 섞은 후 1에 넣고, 마지막에 손으로 뽀각뽀각 자른 콩나물을 넣어 가볍게 볶는다.

point 콩나물은 봉지째 뽀각뽀각 부러트리면 간편해요.

텔레비전에 출연했을 때 한 유명인이 알려주셨어요

사카이 마사아키식 햄에그 덮밥

재료 (1인분)

- 햄 … 1장
- 달걀 … 1개
- 밥 … 1공기 분량
- 가다랑어포 … 취향껏
- 잘게 썬 김 … 취향껏
- 생간장* … 약간

*가열하지 않고 짜낸 간장.

1 햄에그를 만든다.

2 그릇에 밥을 반만 담아 가다랑어포를 듬뿍 뿌린 후, 나머지 밥을 얹는다.

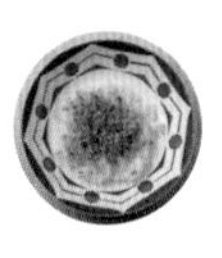

3 잘게 썬 김과 햄에그를 올리고, 마지막에 생간장을 뿌린다.

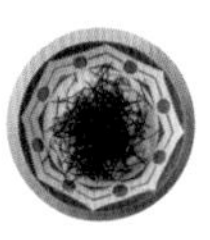

point 달걀프라이는 바삭하게 굽는 걸 추천해요.

바질 대신 청차조기, 고기 대신 연어

일본풍 가파오 라이스

재료 (1인분)

- 소금절임 연어(뼈를 바른다) … 1토막
- 양파(잘게 썰기) … 1/8개
- 샐러드유 … 2작은술
- Ⓐ
  - 청주 … 1큰술
  - 소금 … 1꼬집
  - 감칠맛 조미료 … 2방울
  - 간장 … 1작은술보다 약간 적게
- 청차조기 … 3장
- 밥 … 1공기 분량
- 달걀 … 1개

1 프라이팬에 샐러드유를 둘러 달구고, 연어와 양파를 으깨면서 볶는다.

2 1에 Ⓐ를 더해 계속해서 볶는다. 청차조기를 찢어 넣고 풀이 죽으면 불을 끈다.

3 그릇에 밥을 담고 2를 얹는다. 달걀프라이를 올린다.

point 연어 플레이크*로 만든다면 소금은 생략.

* 데친 연어를 잘게 으깬 후 소금을 넣어 볶은 반찬.

눈 깜짝할 사이에 완성! 인도 본토 카레

물 없이 만드는 요거트 카레

재료 (2인분)

Ⓐ
- 닭가슴살(한입 크기) … 300g
- 양파(채썰기) … 1/2개

• 버터 … 8g

Ⓑ
- 마늘(다지기) … 1/2쪽
- 과립 콘소메 … 2작은술
- 소금 … 1/3작은술
- 우스터 소스 … 1작은술
- 케첩 … 1작은술
- 요거트(플레인) … 400g
- 카레 가루 … 2큰술

• 버터 … 8g

1 프라이팬에 버터를 넣어 녹이고, Ⓐ를 넣어 볶는다.

2 1의 색이 변하면 Ⓑ를 넣고 센 불로 걸쭉해질 때까지 끓인다.

3 마지막에 버터를 넣고 가볍게 섞는다.

point 신맛이 강하게 느껴지면 설탕을 살짝 넣으세요.

어이가 없을 정도로 밥과 잘 어울리는

물 없이 만드는 배추 스튜

재료 (2인분)

- Ⓐ
  - 닭가슴살(한입 크기) … 200g
  - 흑후추 … 약간
  - 버터 … 15g
- Ⓑ
  - 배추(한입 크기) … 1/12개(250g)
  - 청주 … 6큰술
- 스튜 루 … 2조각

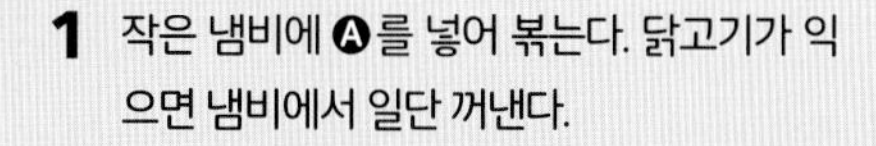

1 작은 냄비에 Ⓐ를 넣어 볶는다. 닭고기가 익으면 냄비에서 일단 꺼낸다.

2 1의 냄비에 Ⓑ를 넣어 뚜껑을 덮고 약한 불로 20분간 조린다.

3 닭고기를 다시 냄비에 넣고 루를 더해 녹인다.

point 수분이 부족하면 물을 넣어요! 물 없이 만든 스튜가 아니게 되지만…

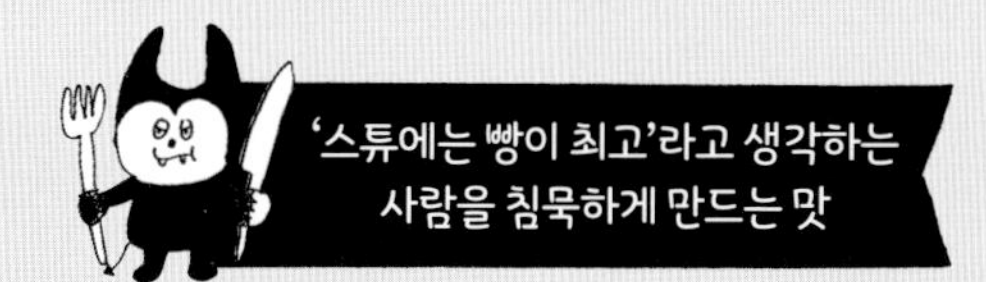

마치 하루 동안 끓인 것 같은 비프 스튜

물 없이 만드는 배추 하야시

재료 (2인분)

Ⓐ
- 불고기용 소고기 … 200g
- 배추(한입 크기) … 1/12개(250g)
- 마늘(다지기) … 1쪽
- 청주 … 5큰술
- 케첩 … 2작은술
- 버터 … 10g

• 하야시 라이스 루 … 2조각

1 작은 냄비에 Ⓐ를 넣은 다음 뚜껑을 덮고 약한 불로 20분간 끓인다.

2 1에 루를 넣어 녹인다.

밥솥님께서 만들어주시는 최강의 가을맛

버섯 갈릭 필라프

재료 (2인분)

- 쌀 … 1홉

Ⓐ
- 비엔나소시지(어슷썰기) … 3개
- 만가닥버섯 … 1팩
- 양파(얇게 썰기) … 1/4개
- 마늘(잘게 썰기) … 1쪽
- 과립 콘소메 … 1작은술 가득
- 소금 … 2꼬집
- 버터 … 10g

<토핑>
- 파슬리 … 약간

1 쌀을 씻어 밥솥에 넣고 눈금보다 조금 부족하게 물을 붓는다.

2 1에 Ⓐ를 넣고 기준 시간대로 밥을 짓고 잘 섞는다.

point 버섯에서 수분이 나오기 때문에 물은 평소보다 적게 넣으세요.

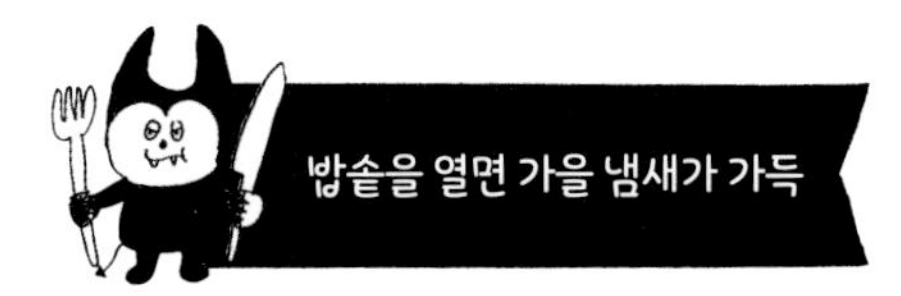

요리 실력도 강한 화력도 필요 없는 볶음밥

밥솥 연어 볶음밥

재료 (2인분)

- 쌀 … 1홉
- Ⓐ
  - 청주 … 1큰술
  - 감칠맛 조미료 … 1/3작은술
  - 소금 … 1/3작은술
- 물 … 적당량
- Ⓑ
  - 소금절임 연어 … 1토막
  - 참기름 … 1큰술
- Ⓒ
  - 달걀(풀기) … 1개
  - 대파(잘게 썰기) … 1/3대

<토핑>

- 흑후추 · 붉은 생강 절임 … 취향껏

1 쌀을 씻어 밥솥에 넣고 Ⓐ를 더한 후, 눈금에 맞춰 물을 붓는다.

2 1에 Ⓑ를 더해 기준 시간대로 밥을 짓는다. 밥이 다 되면 바로 연어 뼈를 바르고 Ⓒ를 더해 잘 섞는다.

3 뚜껑을 덮어 5분 뜸을 들인 후 고루 섞는다.

point 밥이 다 된 후에 바로 달걀을 넣지 않으면 익지 않아요.

식혀서 주먹밥으로
만들어도 맛있어요

곰돌이 푸의 맛

버터 간장 고구마밥

재료 (2인분)

- 고구마(반달썰기) … 120g
- 쌀 … 1홉
  - Ⓐ 백다시 … 2작은술
  - Ⓐ 청주 … 1작은술
- 물 … 적당량
  - Ⓑ 간장 … 1작은술
  - Ⓑ 버터 … 10g

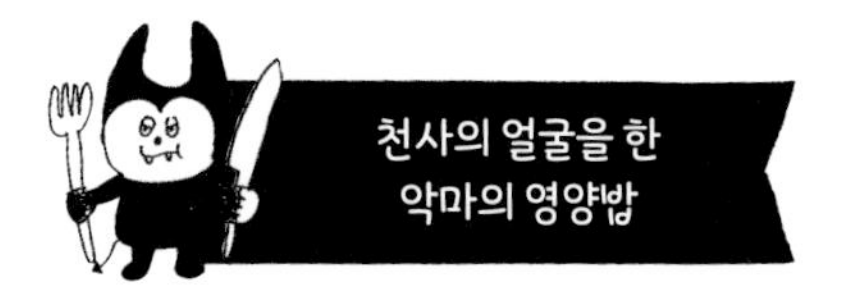

1 쌀을 씻어 밥솥에 넣고 Ⓐ를 더한 후, 눈금에 맞춰 물을 붓는다.

2 고구마를 얹어 기준 시간대로 밥을 짓는다.

3 밥이 다 되면 바로 Ⓑ를 더해 잘 섞는다.

point 고구마의 전분 때문에 약밥 같은 느낌으로 완성.

청주로 밥을 지으면 한층 깊은 풍미를 느낄 수 있다…

청주 영양밥

재료 (2인분)

- 쌀 … 1홉
- 간장 … 1큰술
- 청주(쌀로만 빚은 청주) … 적당량
- Ⓐ 닭가슴살(한입 크기) … 80g
- Ⓐ 잎새버섯 … 1/2팩
- 소금 … 취향껏

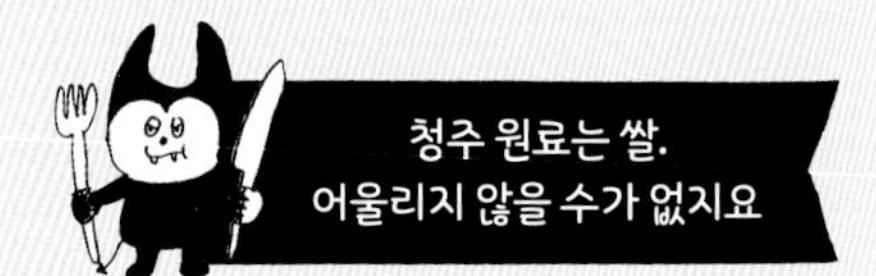

1 쌀을 씻어 밥솥에 넣고, 간장을 넣는다.

2 밥솥 눈금보다 조금 더 위까지 청주를 붓는다. Ⓐ를 더해 기준 시간대로 밥을 짓는다.

point 2홉으로 밥을 할 때는 다른 재료를 두 배로. 3홉은 한 적이 없어서 모르겠습니다.

그냥 먹을 때보다 훨씬 더 풋콩 냄새를 즐길 수 있는

풋콩맛 자가리코 리조토

재료 (1인분)

- 마늘(다지기) … 1쪽
- 양파 … 1/4개
- 올리브유 … 1큰술
- 풋콩맛 자가리코* … 1/2봉지

Ⓐ 과립 콘소메 … 1작은술보다 약간 적게
물 … 150cc

Ⓑ 밥 … 1공기 분량(적은 양으로)
파마산 치즈가루 … 1큰술 가득

Ⓒ 파마산 치즈가루 … 약간
올리브유…약간

* 가루비 에다마리코로 검색하면 직구가 가능하다. 프리츠 풋콩맛으로 대체할 수 있다.

1 프라이팬에 올리브유를 둘러 달구고, 마늘을 볶는다. 마늘 향이 배어나면 양파를 더해 계속해서 볶는다.

2 1에 부순 자가리코와 Ⓐ를 더해 끓인다.

3 2에 Ⓑ를 더해 섞고, 그릇에 담는다. Ⓒ를 고루 뿌리고 추가로 자가리코를 뿌린다.

point 자가리코는 봉지째 부수면 편하게 가루로 만들 수 있어요.

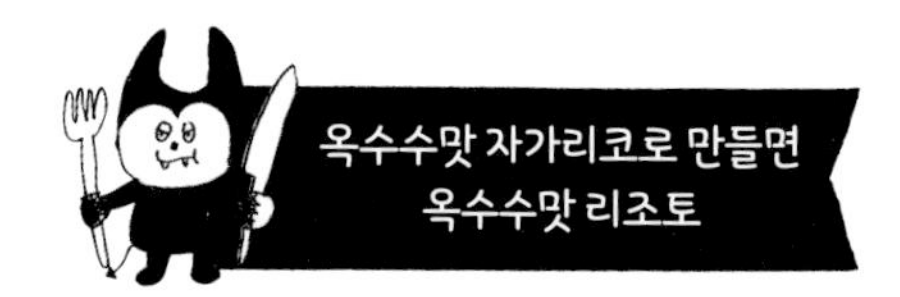

제 6 장

밤 늦게 퇴근해도 뚝딱 만들 수 있는 밥

'악마의 레시피'의 진면목을 발휘하는 이번 장.
가스 불은 물론, 부엌칼조차 필요 없는 레시피를 모았어요.
그런데도 꿀맛이니 존재 자체가 반칙이에요.
늦게 퇴근하는 직장인을 위한 진수성찬입니다.

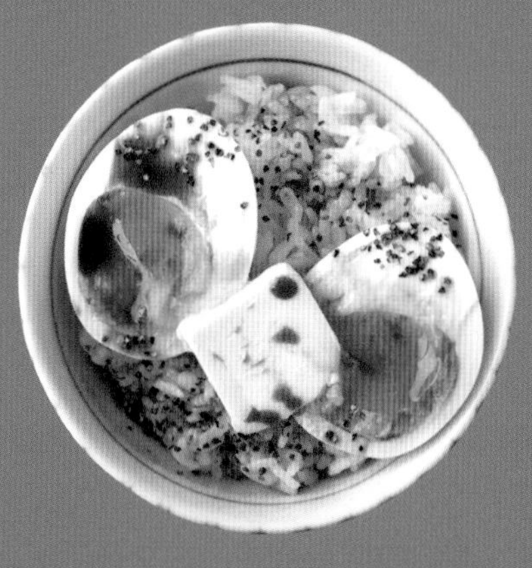

달콤한 맛에 홀려 밥이 금방 사라지는

아보카도 절임 덮밥

재료 (1인분)

- 아보카도 … 1개
- Ⓐ
  - 멘쓰유 … 2큰술
  - 고추기름 … 약간
  - 흑후추 … 약간
- 밥 … 1공기 분량
- 달걀노른자 … 1개
- 잘게 썬 김 … 취향껏

잘라서 섞기만 하면
밥이 자꾸자꾸 들어가요

1 아보카도를 얇게 썰어 Ⓐ와 버무린 후, 맛이 들도록 그대로 잠시 둔다.

2 그릇에 밥을 담고, 1을 얹어 남은 소스도 고루 두른다.

3 달걀노른자를 올리고 마지막에 잘게 썬 김을 뿌린다.

point 가능한 한 숙성된 아보카도로 만드세요.

참치 기름과 두부의 깔끔함이 절묘하게 어우러진다

참치, 두부, 고추냉이가 들어간 귀차니즘 덮밥

재료 (1인분)

- 밥 … 1공기 분량
- 두부 … 150g
- 참치캔 … 1/2캔
- 멘쓰유 … 1과 1/2큰술

Ⓐ
- 고추냉이 … 취향껏
- 실파 … 취향껏
- 잘게 썬 김 … 취향껏

1 그릇에 밥을 담고, 두부와 기름을 뺀 참치를 얹는다.

2 멘쓰유, Ⓐ를 각각 취향껏 뿌린다.

point 으깬 후 비벼서 먹어보세요.

세상은 아직 연어 마요네즈의 저력을 모른다

연어 마요네즈 후추밥

재료 (1인분)

Ⓐ
- 연어 플레이크 … 30g
- 마요네즈 … 1과 1/2큰술
- 흑후추 … 취향껏

- 실파 … 취향껏

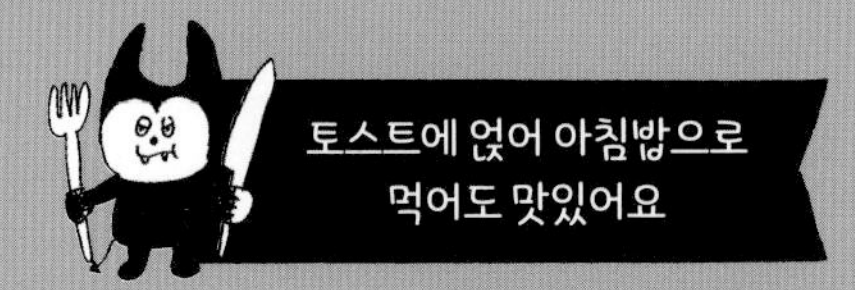

1 Ⓐ를 잘 섞는다.

2 그릇에 밥을 담고, 1을 얹어 마지막에 실파를 뿌리면 끝.

point 구워진 소금절임 연어로 만든다면 멘쓰유를 1/3작은술 더하세요.

탱탱한 흰자, 노른자와 어우러지는 버터

버터 달걀덮밥

재료 (1인분)

- 밥 … 1공기 분량
- 반숙 달걀(시판용) … 1개
- 버터 … 10g
- Ⓐ 감칠맛 조미료 … 약간
  흑후추 … 약간
  간장 … 약간

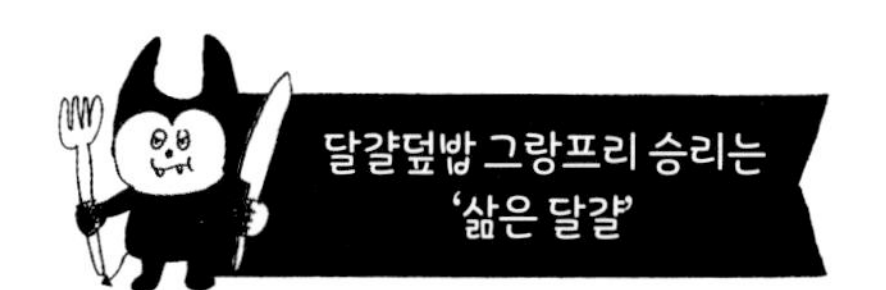

1 그릇에 밥을 담고 달걀과 버터를 얹은 다음 Ⓐ를 뿌린다.

2 달걀을 잘게 으깨며 전체를 고루 섞어서 먹는다.

point 생달걀보다 포만감이 있어서 좋아요.

연어, 청차조기, 깨의 향이 혼연일체

섞기만 하면 되는 청차조기밥

재료 (1인분)

- 밥 … 200g
- 연어 플레이크 … 20g
- 청차조기(얇게 썰기) … 10장
- Ⓐ 소금 … 1꼬집
- 간장 … 1/2작은술
- 백다시 … 1과 1/2작은술
- 참기름 … 1과 1/2작은술

<토핑>

- 흰깨 … 취향껏

1 볼에 Ⓐ를 넣고 잘 섞으면 끝.

point 섞는 비법은 따로 없어요.

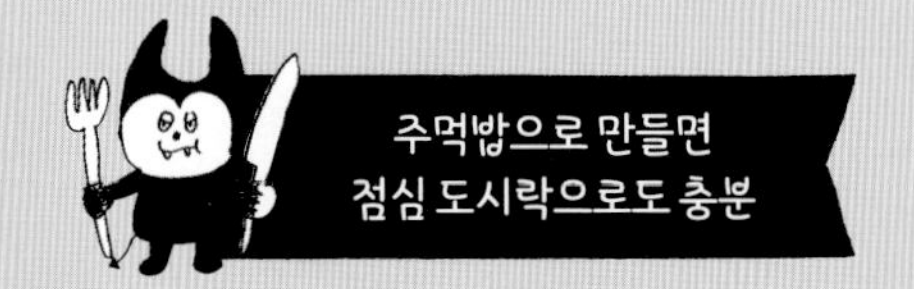

불고기 소스와 회가 이렇게나 잘 어울리다니

연어 황금 소스 덮밥

재료 (1인분)

- 연어(횟감용) … 100g
- Ⓐ 불고기 소스 … 1과 1/2큰술
  고추기름 … 약간
- 밥 … 1공기 분량
- 달걀 … 1개
- 실파 … 약간

<토핑>

- 흰깨 · 고추기름 … 취향껏

1 얇게 썬 연어를 볼에 담고 Ⓐ를 더한 후, 맛이 들도록 그대로 잠시 둔다.

2 그릇에 밥을 담아 1과 달걀노른자를 얹고 실파를 뿌린 뒤 마지막에 남은 소스를 두른다.

point 아이들은 간장 맛보다 이 맛을 더 좋아할 걸요?

불고기 소스는 전지전능한 조미료

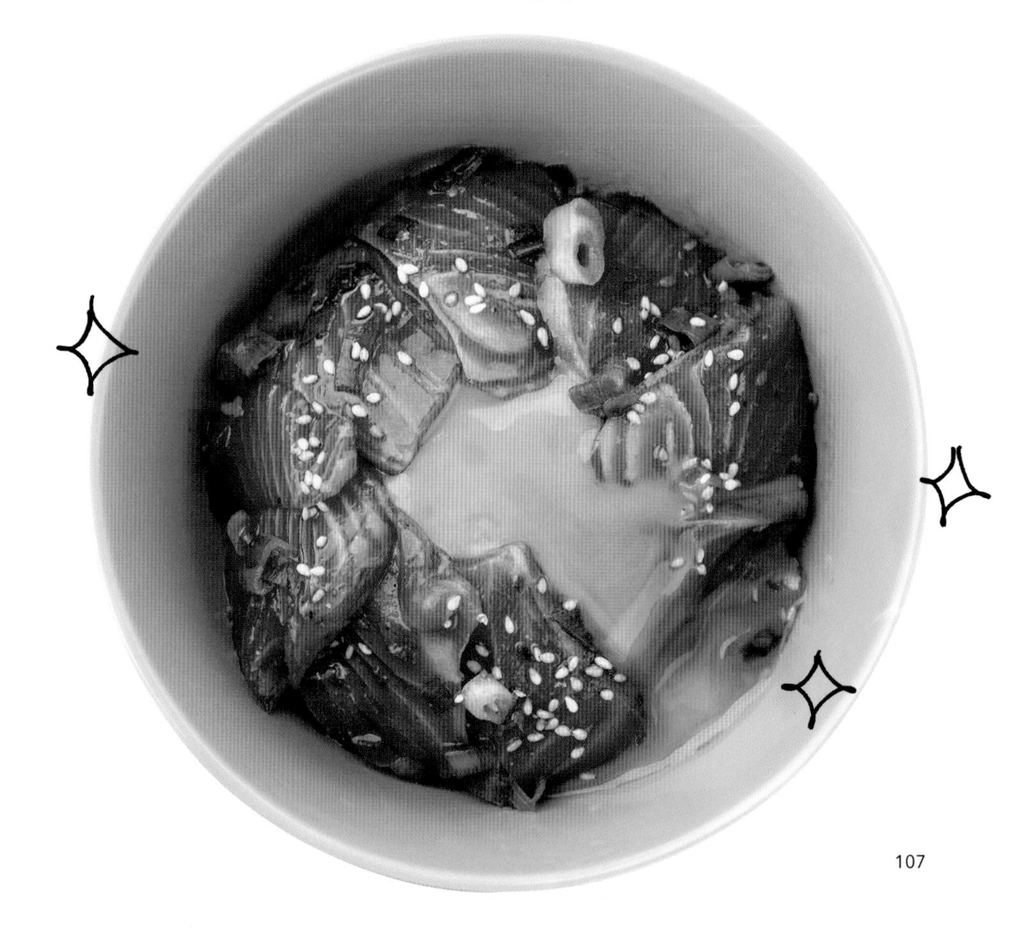

'버터 간장 옥수수'의 냄새를 상상해보세요

금단의 참치 콘 라이스

재료 (1인분)

Ⓐ
- 밥 … 200g
- 옥수수캔(물기를 제거한다) … 1/2캔(70g)
- 참치캔(기름을 짠다) … 1/2캔(40g)
- 과립 콘소메 … 1작은술
- 흑후추 … 약간(향이 강한 것으로)

- 버터 … 10g

Ⓑ
- 간장 … 1작은술
- 실파 … 약간

1 내열용기에 Ⓐ를 넣고 랩을 씌워 전자레인지로 2분간 가열한다.

2 그릇에 담아 버터를 얹고, 마지막에 Ⓑ를 고루 뿌린다.

point 버터를 섞으면서 먹어보세요.

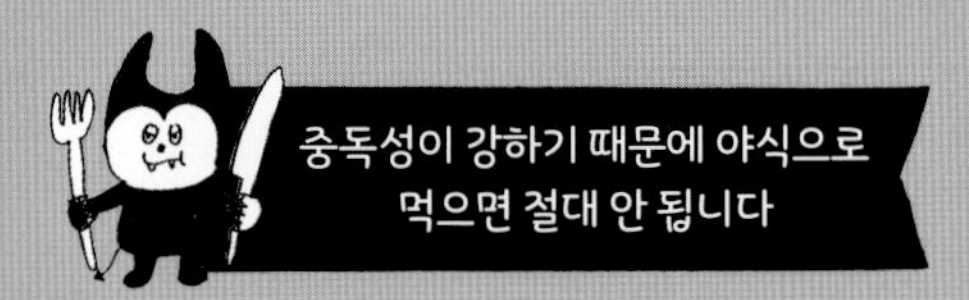

싸고 맛있고 게다가 채소도 듬뿍 섭취할 수 있는 현대인의 구세주

채소 듬뿍 탄멘

재료 (1인분)

Ⓐ
- 삿포로 이치반 라면(소금맛) … 1봉지
- 세븐일레븐 고기가 든 컷팅 채소* … 1봉지
- 물 … 400cc

- 참기름(고추기름) … 약간

*돼지고기, 양파, 당근, 청피망이 한입 크기로 잘라져 있는 냉동식품.

1 그릇에 Ⓐ를 넣어 느슨하게 랩을 씌우고 전자레인지로 6분 40초간 가열한다.

2 라면 수프를 넣고 마지막에 참기름을 뿌린다.

point 부엌칼조차 사용하지 않는 에너지 절약 메뉴입니다.

'토핑 추가'의 왕좌는 이 메뉴에게

명란마요 게맛살 라면

재료 (1인분)

- 컵라면(해물맛)* … 1개
- 명란마요 게맛살** … 1개

* *명란과 마요네즈가 들어 있는 게맛살풍 어묵이며 약 68g.

---

1 컵라면 선까지 물을 붓는다.

2 명란마요 게맛살을 찢어서 넣고 3분 기다린다.

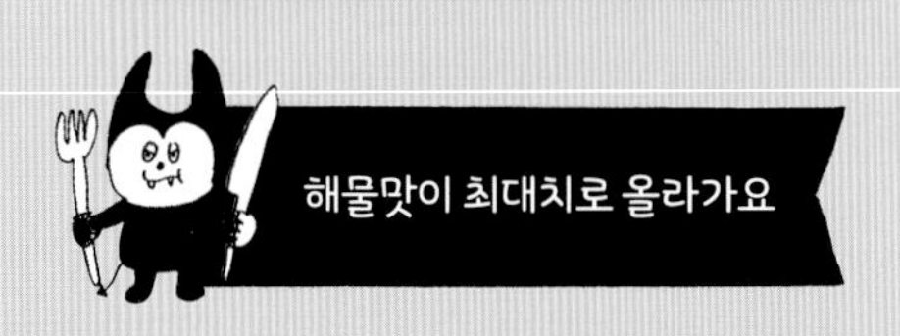

© 日清食品

냄새는 사라지고 풍미만 더해주는

낫토를 모독하는 카레 라면

재료 (1인분)

- 컵라면(카레맛)* … 1개
- 낫토 … 1팩

---

1 컵라면 용기에 표기된 대로 라면을 만든다.

2 낫토를 올린다.

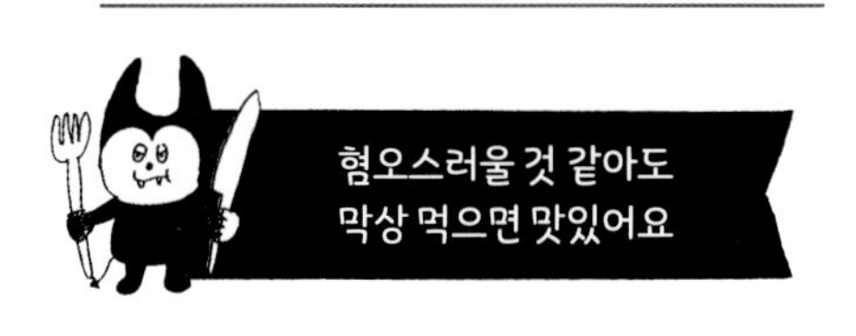

© 日清食品

일주일에 한 번 먹는 힐링밥이라면 용서받을 수 있을까?

죄와 벌의 피자 라면

© 日清食品

재료 (1인분)

- 컵라면(칠리 토마토맛)* … 1개
- 피자맛 포테이토 … 적당량
- Ⓐ 파마산 치즈가루 … 약간
- Ⓐ 타바스코 … 약간

1. 컵라면 용기에 표기된 대로 라면을 만든다.
2. 피자맛 포테이토를 부수면서 넣고, 마지막에 Ⓐ를 뿌린다.

이 세상의 모든 죄를
이 한 컵에 모은 듯한 맛

간장과 고추냉이의 궁합은 최강

눈물의 고추냉이 컵라면

© 日清食品

재료 (1인분)

- 컵라면* … 1개
- 고추냉이 … 1작은술

1. 컵라면 용기에 표기된 대로 라면을 만든다.
2. 고추냉이를 더한다.

그야말로 눈물 없이는
논할 수 없는 맛(물리적)

* 모두 닛신 컵라면을 사용했고, 용량은 약 87g.

제 7 장

매혹의 신세계 응용 면류

파스타라든지 우동은 간편해서 좋지요.
하지만 '늘 같은 맛'이 되어버리는 것이 문제.
그래서 고민했습니다.
다진 참치뱃살 파스타? 날달걀 덮밥 못지않은 날달걀 소면? 등을요.
저를 믿고 꼭 만들어 보세요.

다진 참치뱃살의 부드러움이 소스 대신으로

다진 참치뱃살을 올린 일본풍 카르보나라

재료 (1인분)

- 파스타(5분 삶기) … 1묶음
- Ⓐ
  - 간장 … 1큰술
  - 멘쓰유 … 1큰술
  - 버터 … 10g
  - 물 … 220g
  - 올리브유 … 2작은술
- 다진 참치뱃살(시판용) … 60g
- 달걀노른자 … 1개
- Ⓑ
  - 실파 … 약간
  - 흑후추 … 약간

1 내열용기에 파스타를 반으로 접어서 넣고, Ⓐ를 더해 전자레인지로 10분간 가열한다.

2 1을 그릇에 담아 다진 참치뱃살을 올리고 그 위에 달걀노른자, 마지막에 Ⓑ를 뿌린다.

point 고루 섞어서 드세요.

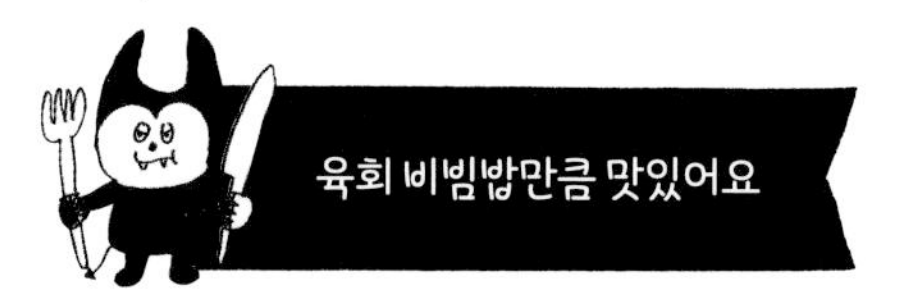

전자레인지에 넣어 돌리기만 하면 레스토랑 맛이 난다

칠리 토마토 카르보나라

재료 (1인분)

- 파스타(5분 삶기) … 1묶음
- Ⓐ
  - 양파(얇게 썰기) … 1/8개
  - 베이컨(잘게 썰기) … 50g
  - 매운 건고추(통썰기) … 1개
  - 마늘(다지기) … 1쪽
  - 토마토캔 … 1/4캔
  - 과립 콘소메 … 1과 1/2작은술
  - 소금 … 약간
  - 올리브유 … 2작은술
  - 버터 … 10g
  - 물 … 180cc
- Ⓑ
  - 생크림 … 3큰술
  - 파마산 치즈가루 … 1큰술
  - 타바스코 … 6방울
- 달걀노른자…1개

1 내열용기에 파스타를 반으로 접어서 넣고, Ⓐ를 더해 전자레인지로 8분간 가열한다.

2 1을 꺼내 고루 섞은 후, Ⓑ를 더해 전자레인지로 3분간 다시 가열한다. 그릇에 담아내고 달걀노른자를 올린다.

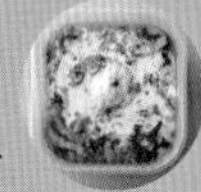

point 파스타의 최대 단점인 설거짓거리가 거의 안 나와요.

매운맛 광이라면 타바스코를 더 뿌려서 드세요

멘쓰유를 머금은 파스타에 바삭바삭 식감

전자레인지로 만드는
튀김 부스러기 스파게티

재료 (1인분)

- 파스타(5분 삶기) … 100g
- Ⓐ
  - 멘쓰유 … 2큰술보다 약간 적게
  - 물 … 250cc
  - 올리브유 … 1큰술
- Ⓑ
  - 튀김 부스러기 … 20g
  - 실파 … 약간

<토핑>

- 고추기름 … 취향껏

1 내열용기에 파스타를 반으로 접어서 넣고, Ⓐ를 더한 뒤 랩은 씌우지 않고 전자레인지로 10분간 가열한다.

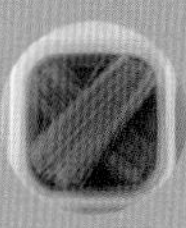

2 1을 그릇에 담아 Ⓑ를 뿌린다.

point 마요네즈나 시치미가루를 더해도 맛있어요.

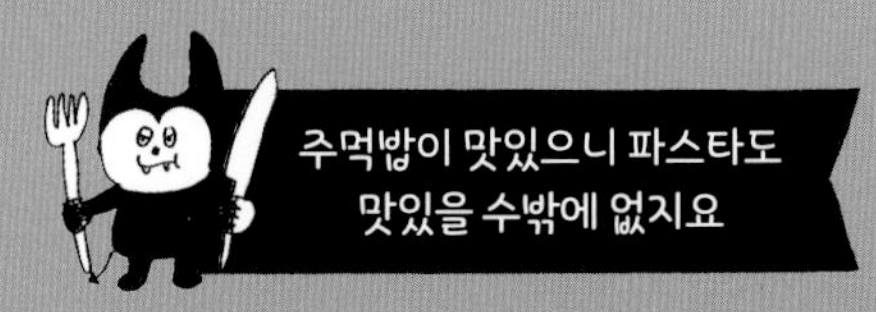

완벽한 옥수수 크림

옥수수맛 자가리코 크림 파스타

재료 (1인분)

- 파스타(5분 삶기) … 1묶음
- 버터 … 10g
- 베이컨(잘게 썰기) … 40g
- 옥수수맛 자가리코 … 1/2봉지
- Ⓐ 우유 … 150g
- Ⓐ 과립 콘소메 … 1/2작은술
- 파스타 면수 … 2큰술
- 소금 … 약간

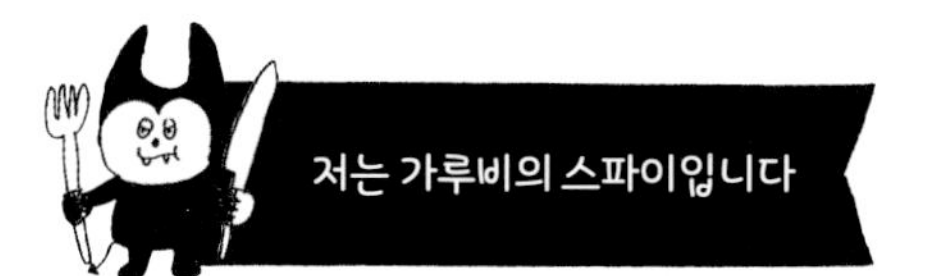

1 파스타를 삶는 동안 다른 프라이팬에 버터를 넣어 녹이고, 베이컨을 볶는다.

2 1의 프라이팬에 잘게 부순 자가리코와 Ⓐ를 더해 약한 불로 걸쭉해질 때까지 끓인다.

3 2에 파스타와 면수를 더해 잘 섞은 후, 소금으로 간을 한다. 토핑으로 자가리코를 뿌린다.

point 파스타를 삶는 물의 염분량은 1%로.

수프 가루로 쾌속 파스타

농후한 머시룸 크림 파스타

재료 (1인분)

- 파스타(5분 삶기) … 1묶음
- 베이컨(잘게 썰기) … 40g
- 버터 … 10g

Ⓐ
크노르 컵수프(농후한 머시룸맛) … 1봉지
버터 … 10g
파스타 면수 … 4큰술

<토핑>

- 파슬리 · 흑후추 · 파마산 치즈가루 … 취향껏

1 파스타를 삶는 동안 다른 프라이팬에 버터를 넣어 녹이고, 베이컨을 볶는다.

2 볼에 베이컨, 파스타, Ⓐ를 넣어 잘 섞는다.

point 파스타를 삶는 물의 염분량은 1%로.

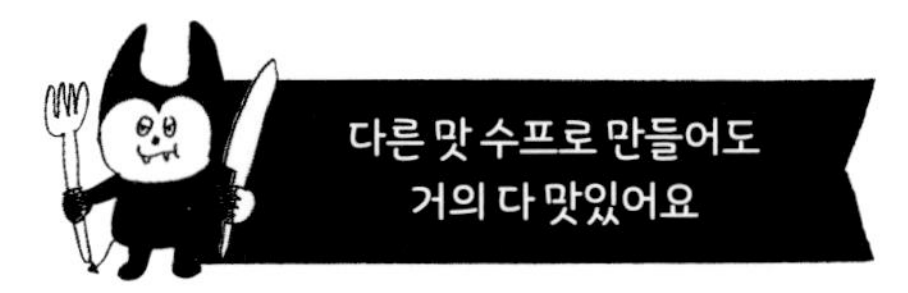

기름에 비벼 먹는 소바와 치즈가 만나버렸어요

파마산 치즈 소바

재료 (1인분)

- 중화면 … 1인분
- 버터 … 10g
- 마늘(다지기) … 1쪽
- 백다시 … 1과 1/3큰술
- 파마산 치즈가루 … 1큰술
- 달걀노른자 … 1개

<토핑>

- 흑후추 · 타바스코 … 취향껏

'백다시 × 버터'를 면과 합치면 마왕급 맛

1 중화면을 삶는다. 다른 프라이팬에 버터를 넣어 녹이고 마늘을 볶는다.

2 1의 프라이팬에 마늘 향이 배어나면 불을 끄고, 백다시를 넣어 그릇에 옮겨 담는다.

3 2를 면과 버무린 후 달걀노른자를 얹고 파마산 치즈가루를 뿌린다.

point 농후한 맛을 좋아하는 사람이라면 파마산 치즈가루를 더 뿌리세요.

가마타마 우동맛*의 폭신폭신 소면

날달걀 소면

재료 (1인분)

- 소면 … 100g(건면)

Ⓐ 달걀 … 1개
　 백다시 … 1큰술

<토핑>

- 실파 · 고추기름 … 취향껏

*면이 뜨거울 때 날달걀을 넣어 비벼 먹는 우동.

1 소면 심이 느껴지는 정도로 삶는다.

2 1을 뜨거울 때 그릇에 옮겨 담고 Ⓐ를 더한다. 공기를 머금어 폭신해질 때까지 젓가락으로 잘 섞는다.

point 달걀을 넣고 온 힘을 다해 섞어주세요.

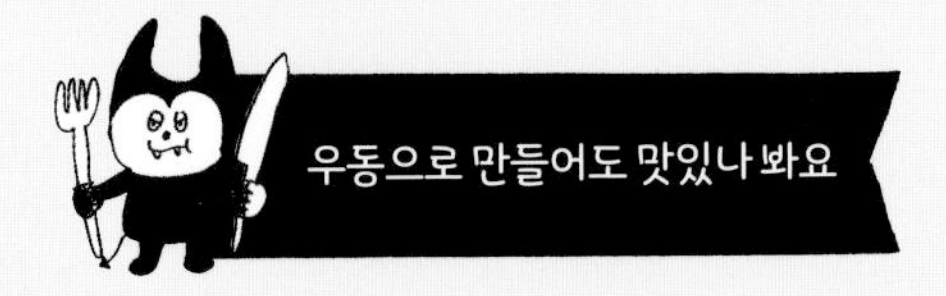

페트병에 든 차로 만든 고급스러운 맛

호지차 소바

재료 (1인분)

- 소바 … 1인분

Ⓐ
- 백다시 … 2큰술
- 호지차* … 300cc
- 소금 … 약간

<토핑>

- 튀김 부스러기 · 실파 · 시치미가루 … 취향껏

*찻잎을 센 불로 볶아 만든 일본의 전통차. 다른 녹차로 대체 가능.

1 소바를 삶는다. 다른 작은 냄비에 Ⓐ를 넣고, 펄펄 끓인다.

2 소바를 그릇에 옮겨 담고, 1의 우린 국물을 끼얹는다.

point 건더기 재료는 닭고기나 돼지고기, 소송채 등이 잘 어울려요.

서로 달라붙지 않기 때문에 미리 만들어 둬도 돼요

실곤약 소금구이 소바풍

재료 (1인분)

- 돼지고기(한입 크기) … 80g
- 소금, 후추 … 약간
- 참기름 … 1큰술

Ⓐ
- 실곤약 … 200g
- 중화요리 조미료(페이스트) … 1작은술

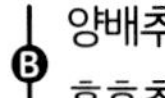

Ⓑ
- 양배추(한입 크기) … 1/8통(90g)
- 흑후추 … 약간

- 레몬즙 … 1작은술
- 간 깨 … 취향껏

1 돼지고기에 소금과 후추로 밑간을 해 둔다. 프라이팬에 참기름을 둘러 달구고, 돼지고기를 볶는다.

2 1에 Ⓐ를 더해 수분이 날아갈 때까지 볶는다.

3 2에 Ⓑ를 더해 계속 볶는다. 마지막에 레몬즙과 간 깨를 듬뿍 뿌린다.

point 실곤약은 미지근한 물로 잘 씻은 후 사용하세요.

면도 필요 없는 거의 0칼로리 메뉴

야키소바풍 콩나물

재료 (1인분)

- 돼지고기(한입 크기) … 80g
- 소금, 후추 … 약간
- 샐러드유 … 1큰술
- Ⓐ 우스터 소스 … 2큰술
- Ⓐ 멘쓰유 … 1큰술
- 콩나물 … 200g
- 흑후추 … 약간
- 달걀 … 1개

<토핑>

- 파래가루 · 붉은 생강 절임 … 취향껏

1 돼지고기에 소금과 후추로 밑간을 해 둔다. 프라이팬에 샐러드유를 둘러 달구고, 돼지고기를 볶는다.

2 1에 Ⓐ를 더해 가볍게 조린다. 콩나물을 더하고 센 불로 숨이 죽을 때까지 볶은 후, 흑후추를 뿌린다.

3 2에 달걀프라이를 곁들인다.

point 아삭한 식감을 좋아하는 분은 가볍게 볶으세요.

농후한 맛인데도
죄책감 제로

아보카도를 뒤집어쓴 면에 베이컨의 짠맛

아보카도 우동

재료 (1인분)

- 베이컨(잘게 썰기) … 40g
- 올리브유 … 2작은술

Ⓐ
- 아보카도(깍둑썰기) … 1/2개
- 소금 … 약간
- 백다시 … 1큰술

- 냉동 우동면 … 1개

<토핑>

- 흑후추 … 취향껏

1 프라이팬에 올리브유를 둘러 달구고, 베이컨을 볶는다.

2 볼에 1과 Ⓐ, 포장지에 표기된 대로 전자레인지로 가열한 우동을 넣어 섞는다.

point 베이컨은 바삭하게 구우세요.

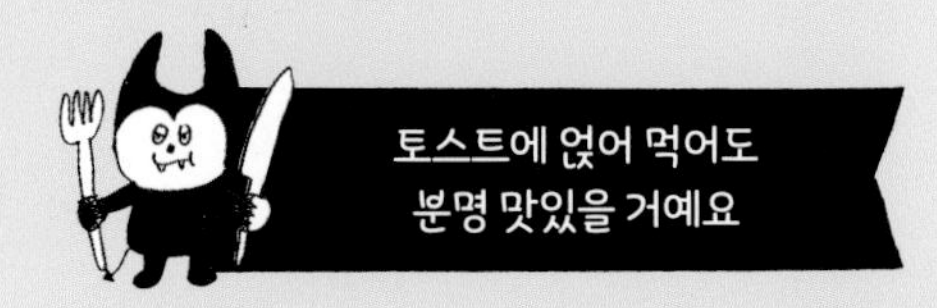

토마토 산미와 고추기름의 매운맛이 찰떡궁합

토마토 고추기름 우동

재료 (1인분)

Ⓐ
- 중화요리 조미료(페이스트) … 1작은술 가득
- 물 … 180cc

- 토마토 … 중간 크기 1개

Ⓑ
- 돼지고기(한입 크기) … 70g
- 마늘(다지기) … 1쪽

- 냉동 우동면 … 1개
- 소금 … 약간

<토핑>
- 고추기름 · 실파 … 취향껏

1 작은 냄비에 Ⓐ를 넣고 끓인다.

2 토마토를 손으로 으깨면서 1에 넣고 더 끓인 후, Ⓑ를 더한다.

3 돼지고기 색이 변하면 우동을 넣고, 소금으로 간을 한다.

point 토마토를 손으로 으깨기 때문에 부엌칼이 필요 없어요.

채소 듬뿍 배부르게

농후한 베이컨 감자 우동

재료 (1인분)

Ⓐ
- 감자(한입 크기) … 작은 크기 1개
- 양파(얇게 썰기) … 1/4개

Ⓑ
- 베이컨(잘게 썰기) … 40g
- 냉동 우동면 … 1개
- 두유 … 200cc
- 과립 콘소메 … 1과 1/2작은술
- 소금 … 1꼬집
- 버터 … 10g

<토핑>
- 파슬리 · 흑후추 … 취향껏

1 내열용기에 Ⓐ를 넣고, 랩을 씌워 전자레인지로 5분간 가열한다. 감자를 꺼내서 큼직하게 으깬다.

2 1에 Ⓑ를 더하고 랩을 씌워 전자레인지로 5분간 가열한다.

point 우유보다 두유가 더 맛있어요.

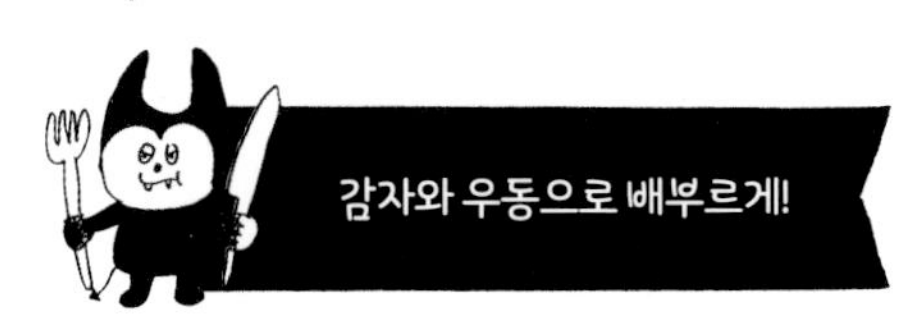

백다시와 버터로 우동을 끓인다

황홀한 버터 조림 우동

재료 (1인분)

- 베이컨(잘게 썰기) … 40g
- 버터 … 10g
- Ⓐ
  - 물 … 280cc
  - 백다시 … 2큰술
  - 냉동 우동면 … 1개
- 달걀 … 1개

<토핑>

- 흑후추 … 취향껏

1 작은 냄비에 버터를 넣어 녹이고 베이컨을 볶는다.

2 1에 Ⓐ를 더해 우동이 익을 때까지 끓인다. 마지막에 달걀을 넣는다.

point 날달걀 대신 달걀프라이를 넣으면 더 맛있게 먹을 수 있어요.

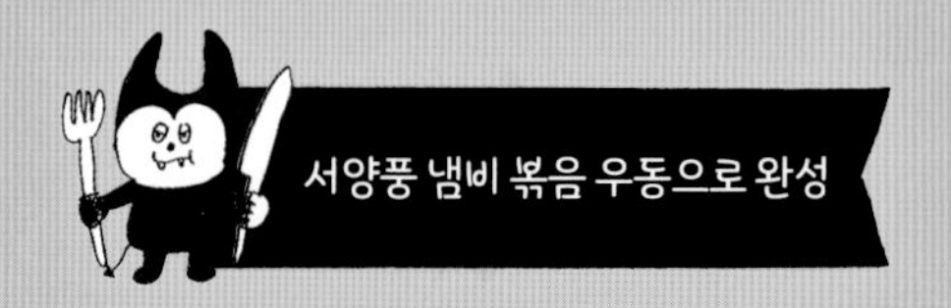

제 8 장

만능 수프와 전지전능한 전골

수프는 악마가 아니라 거의 신에 가까운 존재라고 생각해요.
간단하면서 영양가도 풍부하고, 무엇보다 아무리 먹어도 죄책감이 들지 않아요.
'마무리'로 탄수화물을 넣으면 완벽한 한 끼 식사가 되지요.
일본풍, 서양풍, 중화풍을 한데 모은 수프 레시피를 만끽해 주세요!

아보카도의 잠재력은 된장국이 끌어낸다

베이컨 아보카도 돼지고기 된장국

재료 (2인분)

- Ⓐ
  - 베이컨(잘게 썰기) … 60g
  - 아보카도(한입 크기) … 1개
- 샐러드유 … 1큰술
- Ⓑ
  - 백다시 … 1큰술
  - 물 … 250cc
- 일본식 된장 … 1큰술
- 버터 … 8g

<토핑>

- 흑후추 … 취향껏

1 프라이팬에 샐러드유를 둘러 달구고, Ⓐ를 볶는다.

2 1에 Ⓑ를 더해 한소끔 끓인다. 된장을 풀어 넣고, 마지막에 버터를 올린다.

point 흰쌀밥과 함께 후루룩 마셔 버리세요.

향긋한 돼지고기 생강구이에 다시 국물

돼지고기 생강구이 된장국

재료 (2인분)

- Ⓐ
  - 돼지고기(한입 크기) … 100g
  - 양파(얇게 썰기) … 1/2개
  - 생강(채썰기) … 10g
  - 미림 … 1큰술
  - 간장 … 1작은술
- 참기름 … 2작은술
- Ⓑ
  - 백다시 … 1큰술
  - 물 … 250cc
- 일본식 된장 … 1큰술
- Ⓒ
  - 실파 … 취향껏
  - 고춧가루 … 취향껏

1 프라이팬에 참기름을 둘러 달구고, Ⓐ를 넣어 볶아 생강구이를 만든다.

2 1에 Ⓑ를 더해 한소끔 끓인다. 된장을 풀어 넣고, 그릇에 옮겨 담아 Ⓒ를 뿌린다.

point 조릴 필요가 없는 돼지고기 된장국입니다.

반찬조차 필요 없는
국 한 그릇 메뉴

달콤한 양파를 치즈와 함께 으깨면서 마신다

멜팅 치즈 어니언 수프

재료 (1인분)

- 양파 … 1개
- Ⓐ
  - 마늘(다지기) … 아주 약간
  - 과립 콘소메 … 1과 1/2작은술
  - 물 … 180cc
- 잘 녹는 슬라이스 치즈 … 2장

<토핑>
- 파슬리 · 흑후추 … 취향껏

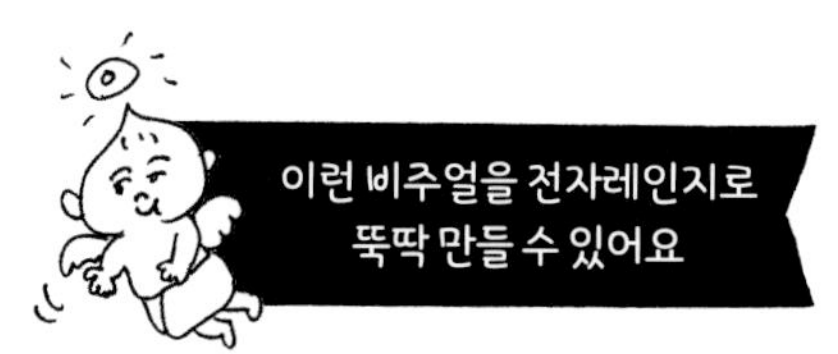

1 양파 껍질을 까서 위아래를 잘라낸다. 랩으로 싸서 전자레인지로 6분간 가열한다.

2 그릇에 1을 올리고 Ⓐ를 더해 랩을 씌우지 않은 채로 전자레인지로 2분간 가열한다.

3 2의 양파에 치즈를 올려 랩을 씌우지 않은 채로 전자레인지로 30초간 가열한다.

point 양파가 엄청 뜨거우니 조심하세요.

공짜로 만들 수 있는 고깃집 맛

우지 꼬리 수프

재료 (2인분)

Ⓐ
- 불고기용 소고기(얇게 썰기) … 80g
- 대파(어슷썰기) … 1/2대
- 마늘(으깨기) … 1쪽
- 우지 … 1개
- 소금 … 2꼬집
- 중화요리 조미료(페이스트) … 1작은술 가득
- 물 … 350cc

<토핑>

- 흑후추 … 취향껏

1 작은 냄비에 Ⓐ를 넣고 센 불로 뽀얗게 될 때까지 끓이면 끝(불순물을 건져내지 말 것).

point 가열 중 내용물이 넘치지 않게 주의해주세요.

밥을 넣으면 국밥,
당면을 넣으면 당면 수프

스페인 명물 '아호 수프'

감기에 좋은 마늘 수프

재료 (1인분)

- 마늘(슬라이스) … 3쪽
- 올리브유 … 1큰술
- 베이컨 … 30g
- Ⓐ
  - 대파(어슷썰기) … 1/3대
  - 빵가루 … 2큰술
  - 과립 콘소메 … 1작은술
  - 물 … 250cc
- 달걀 … 1개

1 작은 냄비에 올리브유를 둘러 달구고, 마늘을 노릇하게 볶는다. 베이컨을 더한 후 계속 볶는다.

2 1에 Ⓐ를 더해 한소끔 끓인다. 달걀을 올려 반숙이 되면 완성.

point 빵가루가 없다면 딱딱해진 빵을 찢어 넣어도 돼요.

마시기만 해도 건강해지는 보양 수프

더위도 날려버릴 토마토의 청량감!

토마토 냉채 다시 수프

재료 (2인분)

- 토마토(큼직하게 다지기) … 중간 크기 1개(150g)

Ⓐ
- 소금 … 약간
- 백다시 … 1큰술 가득
- 차가운 물 … 120cc

Ⓑ
- 흑후추 … 약간
- 올리브유 … 약간

1 볼에 토마토를 넣어 Ⓐ와 잘 버무린다.

2 1을 그릇에 담아 마지막에 Ⓑ를 뿌린다.

point 가스 불을 사용하지 않기에 요리할 때도 덥지 않아요.

이름에 모순이 있긴 하지만 어쨌든 맛있다

물 없이 만드는 백숙

재료 (1인분)

- 배추(한입 크기) … 1/12개(250g)
- 닭날개 … 3~5개

Ⓐ
생강(채썰기) … 5g
청주 … 4큰술
백다시 … 1큰술

<토핑>

- 실파 · 흰깨 … 취향껏

<추가 재료>

- 밥 … 1공기 분량
- 달걀 … 1개

1 냄비에 배추를 깔고 그 위에 닭날개를 얹고 Ⓐ를 더한 후, 뚜껑을 덮어 약한 불로 20분간 조린다.

2 소금이나 폰즈간장에 찍어 먹는다.

point 추가 재료는 죽처럼 걸쭉하게 볶아서 드세요.

배추의 단맛과 토마토의 신맛이 너무 맛있어서 참을 수 없다

물 없이 만드는 포토푀

재료 (1인분)

- 배추(한입 크기) … 1/12개(250g)
- 베이컨(잘게 썰기) … 5장(90g)

Ⓐ
방울토마토 … 5개
청주 … 5큰술
과립 콘소메 … 1작은술보다 약간 적게

<토핑>

- 흑후추 · 파슬리 … 취향껏

<추가 재료>

- 우동 … 1개

1 냄비에 배추를 깔고 그 위에 베이컨을 얹고 Ⓐ를 더한 후, 뚜껑을 덮어 약한 불로 20분간 조린다.

2 취향에 따라 씨겨자에 찍어 먹는다.

point 브로콜리나 감자를 넣어도 맛있어요.

아기 악마 같은
귀여운 비주얼

토마토 주스가 전골의 다시 국물입니다

물 없이 만드는 토마토 치즈 전골

재료 (1인분)

- 배추(한입 크기) … 1/12개(250g)
- 만가닥버섯 … 1/2팩
- 돼지고기 등심(얇게 썬 것) … 150g

Ⓐ
- 마늘(얇게 썰기) … 1쪽
- 과립 콘소메 … 1과 1/2작은술
- 토마토 주스 … 6큰술
- 올리브유 … 1큰술

- 피자용 치즈 … 70g

<토핑>
- 흑후추 · 파슬리 · 타바스코 … 취향껏

<추가 재료>
- 삶은 스파게티 … 80g

1 냄비에 배추, 만가닥버섯, 그 위에 돼지고기를 얹는다. Ⓐ를 더해 뚜껑을 덮고 약한 불로 20분간 조린다.

2 마지막에 치즈를 올린다.

point 추가 재료로 스파게티를 끓일 땐 치즈와 올리브유를 뿌려요.

추가 재료를 넣지 않으면
저당질(힘들겠지만)

닭가슴살이 놀랍도록 부드럽다

닭가슴살 식초 샤부샤부

재료 (2인분)

- 닭가슴살 … 1장
- 경수채 … 1묶음 (약 200g)
- 좋아하는 버섯 … 1팩
- Ⓐ
  - 식초 … 3큰술
  - 백다시 … 1큰술
  - 뜨거운 물 … 500cc

1 닭고기는 가능한 한 얇게 썰고, 경수채는 먹기 편한 크기로 자르고, 버섯은 잘게 찢는다.

2 냄비에 Ⓐ를 넣고 끓이며 1의 재료를 샤부샤부로 먹는다.

3 폰즈간장이나 소금에 찍어 먹는다.

point 꼭 다 익혀서 드세요.

제 9 장

집에서 만들어 먹는 도리에 어긋난 디저트

이 책에서는 '악마의 레시피'라고 말하면서도
꽤 저당질인 메뉴를 선별해서 싣도록 신경을 썼는데요,
이번 장에서만큼은 전혀 배려하지 않았습니다.
오롯이 '맛'과 '달콤함'에 초점을 맞췄습니다.
게다가 특별한 기술도 필요 없는 메뉴들만 모았어요.

과자가게 사장님, 죄송합니다

코코넛 사브레 버터 샌드

재료 (만들기 쉬운 분량)

- 코코넛 사브레 … 10개
- 무염 버터 … 50g
- 화이트 초콜릿 … 20g

Ⓐ
- 설탕 … 1작은술
- 건포도 … 20g

사브레의 짠맛과 초콜릿의
단맛이 너무 잘 어울려요

1 버터는 실온에 미리 꺼내두어 말랑말랑한 상태로 준비한다. 화이트 초콜릿을 전자레인지로 1분간 가열해서 녹인다.

2 1과 Ⓐ를 잘 섞은 후, 사브레 사이에 채우면 끝.

point 사이에 끼운 크림이 금방 녹으므로 빨리 드세요.

수고스러움 없이 만드는 크리스마스풍 디저트

파이의 열매 애플 크럼블

재료 (만들기 쉬운 분량)

- 사과(얇게 썰기) … 중간 크기 1개
- 버터 … 20g
- 설탕 … 5작은술
- 파이의 열매* … 1/2상자 분량
- Ⓐ 바닐라 아이스크림 … 적당량
- Ⓐ 민트 … 약간

* '파이노미'로 검색해서 직구할 수 있다. 1상자당 73g

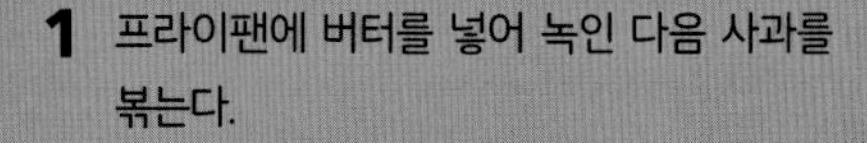

1 프라이팬에 버터를 넣어 녹인 다음 사과를 볶는다.

2 1에 설탕을 넣고 식감이 살아 있을 정도로 볶는다.

3 그릇에 2를 깔고 파이의 열매를 부수면서 뿌리고, Ⓐ를 올린다.

point 사과 식감은 볶는 시간에 따라 바뀌니 취향에 맞게 조절하세요.

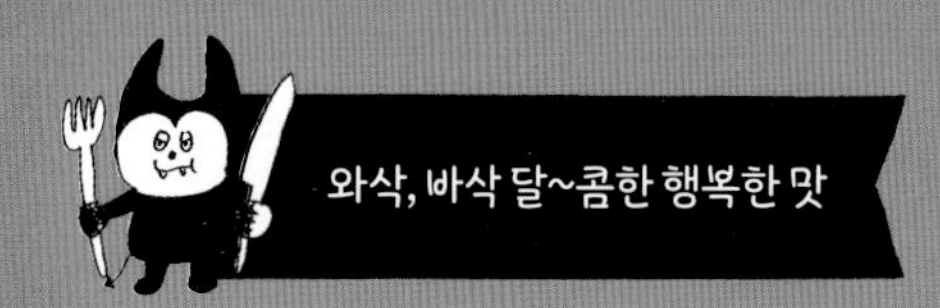

금세기 최대의 중노동

타락한 천사의 크림 바나나 핫샌드위치

재료 (1인분)

- 식빵 … 2장
- 바나나(통썰기) … 1개
- 크림치즈 … 40g
- 소금 … 아주 약간
- 버터 … 10g
- 꿀 … 취향껏

여기에 시나몬 가루를 뿌리면
마왕의 맛으로 변신

1 식빵 2장 모두에 크림치즈를 바르고 바나나를 얹은 뒤 소금을 뿌려 포갠다.

2 프라이팬에 버터를 넣어 녹이고 1을 중불로 한 면씩 누르면서 굽는다.

3 2를 그릇에 담아 마지막에 꿀을 듬뿍 뿌린다.

전자레인지로 만들 수 있는 호사스러운 소스

관능적인 딸기 버터

재료 (만들기 쉬운 분량)

- 딸기 … 100g
- 설탕 … 45g
- 버터 … 100g

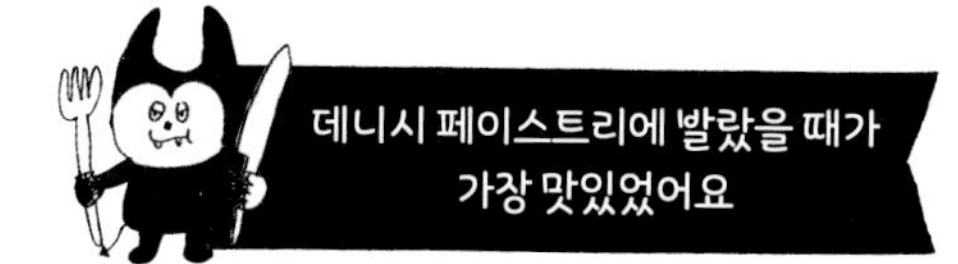

1 딸기에 설탕을 뿌려 으깬다. 버터는 실온에 미리 꺼내 둔다.

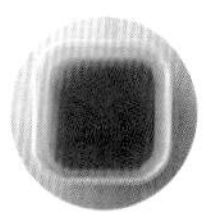

2 1의 딸기를 전자레인지로 2분 30초간 가열한다. 잘 섞은 후 다시 2분 30초간 가열한다.

3 2가 따뜻할 때 버터를 넣어 잘 섞은 후, 냉장고에 넣어 크림 상태가 될 때까지 식힌다.

굽지도 않고 찌지도 않고 지퍼백으로 만들 수 있는

마시는 메이플 푸딩 <기록3>

재료 (2인분)

- Ⓐ
  - 달걀노른자 … 2개
  - 설탕 … 30g
- Ⓑ
  - 우유 … 100cc
  - 생크림 … 100cc
  - 바닐라 에센스 … 3방울(있다면)
- 메이플 시럽 … 취향껏

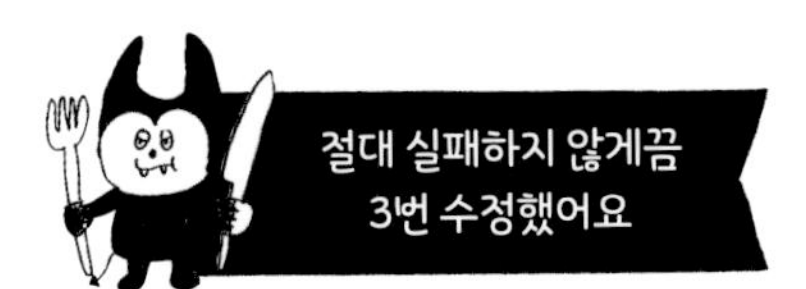

1 볼에 Ⓐ를 넣고 설탕이 완전히 녹을 때까지 섞는다. Ⓑ를 더해 계속해서 섞는다.

2 1을 체에 거르면서 지퍼백에 옮겨 담는다. 공기를 최대한 빼면서 잠근다.

3 냄비에 물을 한 번 끓이고 약한 불로 줄인 다음 2를 넣고 15분~20분간 데운다. 약간 탄력이 생길 때까지 식힌다.

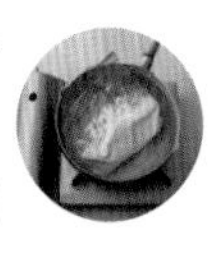

point 푸딩은 잘 가라앉으므로 시럽을 조심조심 뿌리세요.

버터 향이 나는 달콤한 떡에 흑후추가 포인트

최강 공포의 후추·버터·허니 떡

재료 (1인분)

- 기리모치 … 2개
- 버터 … 8g
- 꿀 … 취향껏
- Ⓐ 소금 … 아주 약간
- Ⓐ 흑후추 … 약간

1 물에 적신 기리모치를 내열용기에 넣고, 랩을 씌우지 않은 채로 전자레인지로 50초~1분 10초간 가열한다.

2 1에 버터를 얹고 꿀을 듬뿍 뿌린 뒤 마지막에 Ⓐ를 뿌린다.

point 흑후추를 시나몬으로 바꿔도 맛있어요.

요리를 꾸준히 이어나가기 위한 비결은, 다른 사람에게 이야기하는 것

'저의 취미는 요리입니다'라고 말하지만 취미라고 부를 만한 게 요리밖에 없습니다. 그래서 기본적으로 요리 말고는 얘깃거리가 없어요. 그런데 제 주변에는 요리하는 사람이 한 명도 없었지요……. 그러던 중 만난 게 SNS였습니다. 제가 고안한 레시피를 보고 누군가가 요리를 한다는 사실이 무척 기뻤습니다. 함께 요리에 관해 얘기를 할 수 있어서 너무나 즐거웠지요. 이게 저에게 동기부여가 되었습니다.

제가 그랬듯, 여러분도 마찬가지라고 생각합니다. '혼자서 먹고 끝'이면 꾸준히 이어나가기 힘듭니다. '맛있었다'라든지 '별로였네'라는 식으로 맛을 평가하는 것 외에 어떤 반응도 일어나지 않기 때문이지요.

그래서 저는 여러분이 만든 요리를 SNS에 올려서 다양한 반응을 받아보기를 권합니다. 아무래도 성과가 눈에 보이지 않으면 의지가 약해질 수밖에 없습니다. 또는 저를 향해 글을 올리셔도 됩니다! 아무래도 다 보지는 못하겠지만 최대한 '좋아요' 정도는 누르겠습니다! 저와 요리 친구가 되어주세요.

많이 올려주세요!
저는 늘 보고 있으니, 최대한 반응하겠습니다.
여러분이 만든 요리가 저에게는 물론,
이 책의 목표입니다!